JN077124

一般社団法人 日本エクステリア学会 編著

現地調査から植栽工事まで

「エクステリア工事」現場管理の実践ポイント

建築資料研究社

出版に寄せて

日本の住まいには“庭づくり”という伝統があり、造園という名の業種が古くから存在して、日本の住宅の外部空間づくりを担ってきました。しかし、近年、住宅を取り巻く外部住空間は大きく変わったため、従来の“庭づくり”だけでは解決できなくなってきています。住まいの敷地内だけではなく、街づくりや景観など公共的空間や持続的自然環境の視点も加えて、住環境を捉える必要が出てきました。

こうした背景により、総合的に外部環境を捉える“エクステリア”という概念が生まれました。全国の自治体などでも、「街づくり条例」や「景観条例」などの名称で街並み景観や街づくりを意識したエクステリア計画を推進しつつあります。そして、「エクステリア工事」などの名のもとに、全国多数の方々がエクステリア分野に参画し、外部住空間の設計および施工に携わるようになっています。

しかし、“エクステリア”という言葉が意味するところの理解も含めて、「エクステリア工事」の設計や施工についての確たる拠り所が明確に示されないまま進んでいるのが実情です。したがって、景観や周囲の自然環境との調和を図りながら、同時に住む人の快適で豊かな住環境の向上を実現する“エクステリア”分野の重要性は今ますます高まっており、現在、その設計や施工などにおける基準の整備が急ぎ求められています。

このような問題意識を持つ有志が集い、「エクステリア品質向上委員会」の名のもとに活動を始め、この委員会活動を前身として2013年4月に「一般社団法人 日本エクステリア学会」が発足しました。

日本エクステリア学会では現在、エクステリア業界に関係する多くの人々の参加を募りながら、エクステリア分野における基準の整備やエクステリアについての知識の普及の一環として、技術委員会、歴史委員会、品質向上委員会、設計向上委員会、街並み委員会、植栽委員会、国際委員会を組織して活動しています。そして、2014年より活動の成果を順次書籍としてまとめ出版してきました。今回の『現地調査から植栽工事まで「エクステリア工事」現場管理の実践ポイント』は学会が上梓する書籍として9冊目になります。

これまでの日本エクステリア学会が上梓した書籍の中には、エクステリアや造園分野に従事し関わってきた、そして、植物や植栽などの研究、エクステリア製品分野の開発などに携わってきた多くの先人・先輩の業績や技術、知見、研究が凝縮されています。技術や知識は一朝一夕には完成できないものであり、多くの方々が関わる中で常に更新と進歩を繰り返していくものです。今回『現地調査から植栽工事まで「エクステリア工事」現場管理の実践ポイント』を上梓するにあたっても、改めて多くの先人・先輩に感謝するとともに、私たちが編集した書籍が現在エクステリアに関わる人々に広く資するものであることを願い、またエクステリアの技術や知識の正統な継承やたゆまぬ進歩と発展につながることを期待しています。

2024年2月吉日
一般社団法人 日本エクステリア学会
代表理事　吉田克己

はじめに

エクステリア工事はどのように進めるのが正解なのか？　施工業者によって工事の管理内容が違うのは何故なのか？　エクステリア工事に携わる者として、いつもそんなことを考えていました。エクステリア工事に関わる多くの方にも聞いてもみました。そして、様々な答えをいただきました。

「今までは、このように進めてきた」「管理はこのようにしてきた」。いただいた様々な答えからは、ご自身の経験や先人から学んだことを、皆さんが少し自分流や時代に合わせて変えてきたことに、何の疑問もなく長年やってきたことが伝わってきました。

現在は、建築基準法や日本建築学会の規準があり、施工面ではかなり管理内容が統一されてきています。それだったら、私たちの日本エクステリア学会の技術委員会でもう少し実践的に検討してみようとなり、2020年3月の『クレーム事象から学ぶ「エクステリア工事」設計・施工のポイント part 1』の出版後に、「クレームを発生させない施工要領と管理」を新たなテーマに設定して、技術委員会での検討を始めました。

エクステリア工事の実際の施工を時系列で追って分類を検討し、その後は分類ごとにその留意点を検討し、さらに留意点の詳細を分析していくという形で、これまでの２年間、検討作業を行ってきました。できあがった内容は施工要領というよりむしろ、現場管理のポイントの色が濃いものになり、書名も『現地調査から植栽工事まで「エクステリア工事」現場管理の実践ポイント』としました。

定例会議は、はじめこそ月に１回でしたが、それが月に２回になり、昨年後半からは月に３回の時もあったほどに、私たち技術委員会の委員一同一生懸命知恵を出し合いました。

施工の共通事項から始まり、現地調査・仮設工事・解体工事・土工事・塀工事・床工事・階段工事・植栽工事において、エクステリア工事の施工ポイントを施工管理という視点を通してつくり上げていきました。まだまだ完全なものではありませんが、エクステリア工事に関わる方や今後エクステリア工事に関わる方、そして教育機関等でお役に立てていただければと願っております。

「どちらのエクステリア工事業者にお願いしても、管理内容が同じで安心できます」と施主の皆さんから言っていただける日を楽しみに、さらに深く掘り下げた内容の検討もしていきたいと思います。

日本エクステリア学会技術委員会は快適で豊かな住空間の実現と適切な施工や管理によるより安全安心な街づくりに向かって今後とも活動してまいります。私たち技術委員会の活動を応援していただける方のご参加や、ご意見・ご指摘をいただけましたら幸いと考えております。

2024年2月
一般社団法人 日本エクステリア学会 技術委員会
技術委員長　小林義幸

■日本エクステリア学会　技術委員会

小林　義幸	有限会社エクスパラダ	齊藤　康夫	有限会社藤興
麻生　茂夫	有限会社創園社	松尾　英明	ガーデンサービス株式会社
伊藤　英	住友林業緑化株式会社	吉田　克己	吉田造園設計工房
大橋　芳信	日之出建材株式会社		

目次

第3章　解体工事

第4章　土工事

第5章　塀工事

第6章　床工事

第7章　階段工事

第8章　植栽工事

共通事項

本書では、現地調査、仮設工事、解体工事、土工事、塀工事、床工事、階段工事、植栽工事について、それぞれの章で現場管理における実践ポイントを取り上げているが、こうした各工事に共通する工事着手前のポイントを最初に取り上げる。なお、各章でも実践ポイントとなるような事項については、重ねて詳細に記載する。

ポイント 1　設計図書および工期の内容

●実際の現場状況と設計図書に記されていることが合致しているかを確認する（表 0-1）。

表 0-1　設計図書と主な記載事項

設計図書名	記載事項
現況図	周辺の環境や設備（上下水道、ガス、電気、電柱等）、高低差（道路と計画地、隣地と計画地等）、道路情報（歩道、側溝、幅員等）、隣地建物、構築物情報、方位等の必要な情報を記入
仕上げ表	部位ごとの下地、仕上げ、使用資材製品名、メーカー名等が明記されたリスト。簡易な計画の場合は、仕上げ表を用いないで、平面図に直接名称を記入する場合もある
仕様書	仕上げ表と合わせて、共通仕様書と特記仕様書を作成。共通仕様書は、共通に使用する材料、施工方法等について記載。特記仕様書は、設計図や共通仕様書を補完するする内容を記載。特記仕様書は設計図に欄を設けて記入することもある
一般設計図	平面図、立面図、断面図、植栽計画図等で工事目的物の内容を図面化したもの。位置、形状、寸法、構造、材料等について示されている
詳細設計図	平面詳細図、断面詳細図等の一般設計図では表現しきれない部分を明確に記載したもの
製品図	使用資材のカタログや姿図等を転用して、使用資材や既製品を明確にしたもの

●全体の契約工期と、仮設工事、解体工事、土工事、塀工事、床工事、植栽工事などの各工事期間を確認する（図 0-1）。

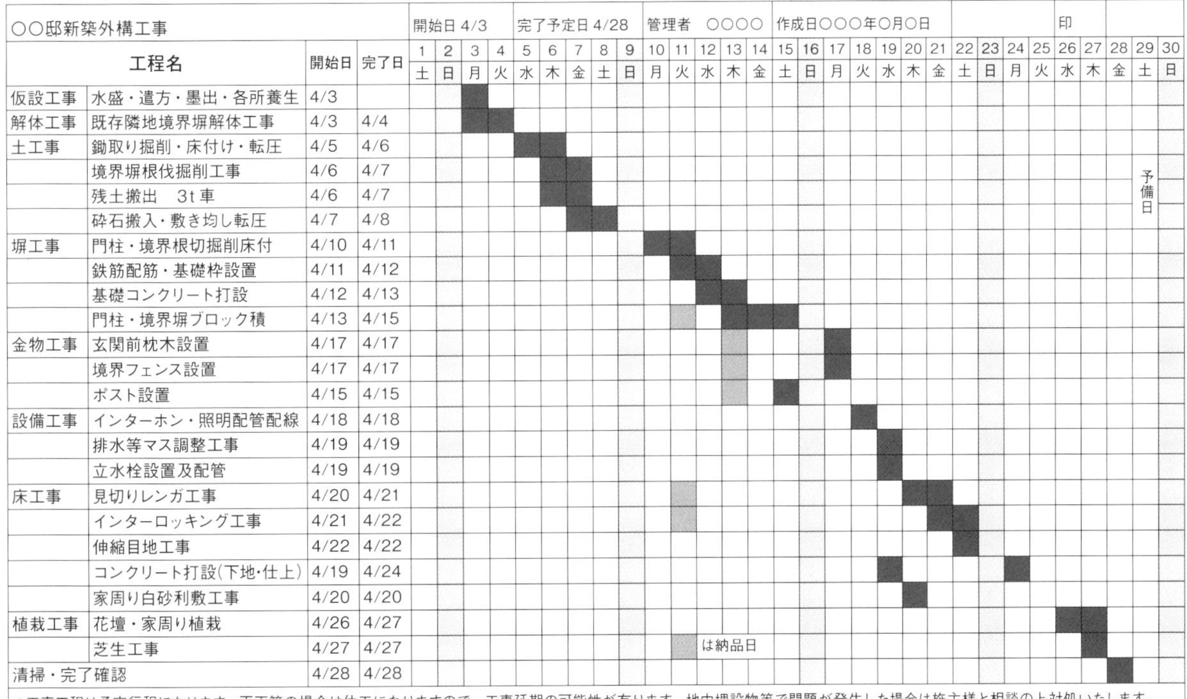

○○邸新築外構工事　開始日 4/3　完了予定日 4/28　管理者　○○○○　作成日○○○年○月○日　印

工程名		開始日	完了日
仮設工事	水盛・遣方・墨出・各所養生	4/3	
解体工事	既存隣地境界塀解体工事	4/3	4/4
土工事	鋤取り掘削・床付け・転圧	4/5	4/6
	境界塀根伐掘削工事	4/6	4/7
	残土搬出　3t 車	4/6	4/7
	砕石搬入・敷き均し転圧	4/7	4/8
塀工事	門柱・境界根切掘削床付	4/10	4/11
	鉄筋配筋・基礎枠設置	4/11	4/12
	基礎コンクリート打設	4/12	4/13
	門柱・境界塀ブロック積	4/13	4/15
金物工事	玄関前枕木設置	4/17	4/17
	境界フェンス設置	4/17	4/17
	ポスト設置	4/15	4/15
設備工事	インターホン・照明配管配線	4/18	4/18
	排水等マス調整工事	4/19	4/19
	立水栓設置及配管	4/19	4/19
床工事	見切りレンガ工事	4/20	4/21
	インターロッキング工事	4/21	4/22
	伸縮目地工事	4/22	4/22
	コンクリート打設(下地・仕上)	4/19	4/24
	家周り白砂利敷工事	4/20	4/20
植栽工事	花壇・家周り植栽	4/26	4/27
	芝生工事	4/27	4/27
清掃・完了確認		4/28	4/28

日付欄：1 土、2 日、3 月、4 火、5 水、6 木、7 金、8 土、9 日、10 月、11 火、12 水、13 木、14 金、15 土、16 日、17 月、18 火、19 水、20 木、21 金、22 土、23 日、24 月、25 火、26 水、27 木、28 金、29 土、30 日

＊工事工程は予定行程になります。雨天等の場合は休工になりますので、工事延期の可能性が有ります。地中埋設物等で問題が発生した場合は施主様と相談の上対処いたします。
＊工事中の水道・電気は貸与下さい。車両乗り入れは駐車場コンクリート打設後5日後以降になります。植栽は植え込み後の水やりが大切ですので、水やりにご協力ください。

図 0-1　工程表の例

●関連する法律や規準などとの適合性、整合性を確認し、法令順守の設計、施工計画になっているか確認する（表0-2）。

表0-2　管理項目と関連する主な法律・規準

管理項目	法律・規準
品質	建築基準法、日本建築学会 JASS など、JIS
安全	建設業法、労働安全衛生法、道路法、道路交通法
環境	廃棄物処理法、騒音規制法、建設リサイクル法、都市計画法
近隣対策	民法

●図面や工期について問題がある場合は、工事を始める前に確認をして調整をする。

ポイント 2　近隣対策

●近隣住民などに対して、施主とともに工事の説明を行い、理解を得る。

●工事中の騒音について環境基準法に適合することや、近隣住民にも工事内容とともに説明し、理解を得る。

ポイント 3　境界と隣地の状況

●確定境界の有無や境界杭（標識）の傾き、破損状況を確認する。修正する必要がある場合は、必ず設計者や施主に相談をする。

●隣地への越境や隣地からの越境物を確認する。

●越境物を確認した場合は、工事前に設計者や施主と相談をする。

●隣地への余掘りの必要がある場合は、施主とともに隣地地権者などに説明をして、了承を得てから始める。

ポイント 4　現状地盤の状況

●重機の必要性や、大型車両の必要性と搬入路の確認をする。

●掘削準備や掘削土置場、搬出などの準備をする。

●重機や転圧機材などの確認および準備をする。

ポイント 5　使用部材

●基礎や仕上げの確認をする。その後、部材の発注確認および部材搬入路や、置場所を確認して、準備をする。

ポイント 6　養生の必要性

●必要に応じて養生材の準備をする。

ポイント 7　地下埋設物などの確認

●配管などの地下埋設物の位置を確認し、場合によっては基礎形状の設計変更などについて、設計者や施主に確認をする

本書で使用している略称

日本産業規格＝ JIS

日本建築学会 建築工事標準仕様書＝ JASS

第１章　現地調査

現地調査の内容

現地調査では、実際に施工場所を訪れ、写真撮影などを行いながら現地や周辺の状況を調べて、現地調査記録などを作成する。これは、設計や施工の前提条件を提示する重要な業務である。さらに、工事着工前の調査で設計図書との相違などがあった場合は、設計者や施主との確認、打合せが必要になる。

現地調査の主な項目を表 1-1 に示す。

表 1-1　主な現地調査項目と内容

調査項目	調査内容
敷地境界	杭の種類、杭の形、杭の状況など
高低差	ベンチマーク、基準点、敷地・隣地との高低差など
既存物	残地するもの、撤去するものなど
側溝・縁石	種類、養生の必要性、破損・ひび・不陸など
設備（ガス・給排水）	最終桝、止水栓、水道メーター、給排水経路、ガス管などの位置
電気	電柱、電線の位置、電気経路の状況など
接道	種類、幅員、歩道の有無、公設桝や消火栓（消火水槽）の位置など
土質	砂質土と粘性土、土性など

調査着手前

ポイント 1　現地調査シートの用意

調査項目に漏れがないよう、統一して作成された調査シートなどを用意するとよい（図 1-1）。

境界

【境界の種類】

敷地境界には次の 2 種類がある。

- 民民境界……隣地との境界
- 官民境界……市道、県道などの公道や鉄道との境界。公共施設との境界

敷地境界が確定している状態とは、民民と官民の両方の境界が確定しており、本設杭が設置されていることをいう。ただし、現場によっては、民民境界は確定しているが 、官民境界は確定していないという敷地もあり、仮設杭が設置されている場合もある。

ポイント 2　境界杭の種類と設置状況の確認

敷地境界はトラブルの原因となる可能性が大きいので、施主（土地所有者）に測量図を借りて現地で確認することが重要である。状況に応じて、境界確認には土地所有者に立ち合ってもらう（図 1-2）。

具体的には次の点に注意する。

【境界の確認事項】

- 境界杭が本設杭か、仮設杭かの確認、および、官民杭と民民杭の確認をする。
- 杭の種類や杭の表示形、杭の状況を調べておく。
- 杭が工事中に動いてしまうことや破損してしまうことがありうるため、杭の状況を確認した後は、工事前に日付け入り現況写真や逃げ杭（逃げポイント）を作成することが望ましい。
- 境界の位置が測量図と相違している場合は、施主から測量の専門家である測量士や土地家屋調査士に依頼してもらい、境界確定後に工事を行う。

注）測量士は登記を目的とした測量は行えない。土地家屋調査士は測量も行うが、登記を目的としない測量は行えない。

実施日　　　年　　　月　　　日

	項目	内容
	①現地名	
	②現地住所	
	③境界確認	・全箇所有り　　・有　　箇所　　・無　　箇所 コンクリート杭　　箇所　　ピン　　箇所　　プレート　　箇所 木杭　　箇所
敷地内	④排水桝	・位置　　・配管状況（深さ、高さ）
	⑤水道メーター	・位置　　・高さ　　mm
	⑥既存樹木	・位置　　・本数　　本　　・高さ　　m
	⑦既存構造物	・ブロック積　L　　m　H　　m　種類 ・フェンス　L　　m　H　　m　種類 ・電柱　有　　無 ・水栓　排水管　有　無 ・階段　段数　　段 高さ　　mm　踏面　　mm ・アプローチ　間口　　mm
	⑧構造物色	・建物 ・サッシ ・フェンス ・その他
	⑨取り壊し	・有　　床面 　　　　壁面 ・無
	⑩電気、水道	・電気　有　　無 ・水道　有　　無
道路	⑪道路幅員	m ・セットバック有　　mm　　・セットバック無 ※寄付、売却、貸地、現状維持 ※舗装　有　無
	⑫道路側溝	・L型側溝　　m　　・縁石　　m ※切下げの必要性　有　無　　m
	⑬搬入制限	(　　　t車 まで)
	⑭小運搬	・有　　階段　　段 　　　　車両から　　m
	⑮メモ	

図 1-1　現地調査シートサンプル

●登記が必要とされる場合は原則、土地家屋調査士へ依頼する。

●境界標（杭）の損壊や移動、除去を行うと、刑法 262 条の 2（境界損壊罪）により 5 年以下の懲役または 50 万円以下の罰金に処されることがあるので注意する。

【接道について】

●接道に境界が確定した構築物（杭、側溝など）がない場合は、事前に役所などに問合せをしたうえで、

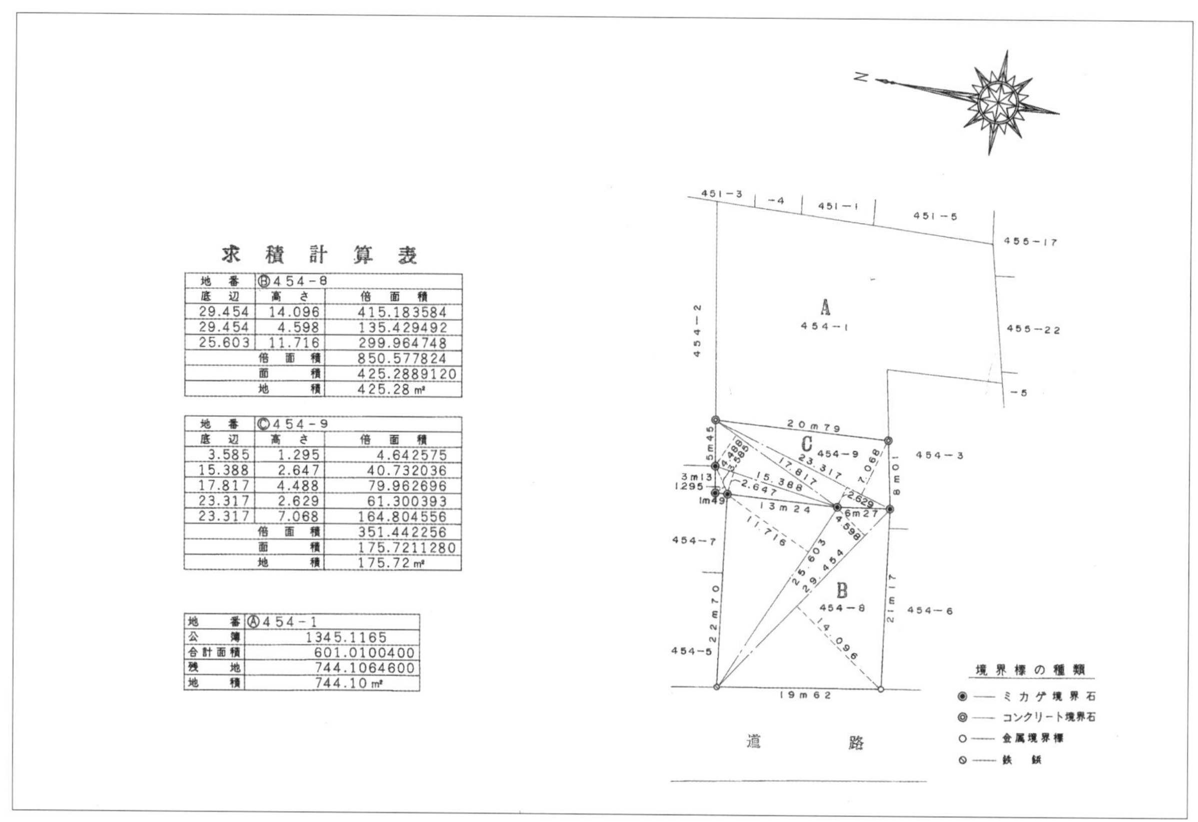

求積計算表

地番	Ⓑ454-8	
底辺	高さ	倍面積
29.454	14.096	415.183584
29.454	4.598	135.429492
25.603	11.716	299.964748
	倍面積	850.577824
	面積	425.2889120
	地積	425.28 m²

地番	Ⓒ454-9	
底辺	高さ	倍面積
3.585	1.295	4.642575
15.388	2.647	40.732036
17.817	4.488	79.962696
23.317	2.629	61.300393
23.317	7.068	164.804556
	倍面積	351.442256
	面積	175.7211280
	地積	175.72 m²

地番	Ⓐ454-1
公簿	1345.1165
合計面積	601.0100400
残地	744.1064600
地積	744.10 m²

図 1-2　地積測量図の例（地番、土地の所在、作成者、申請人、縮尺などの記入欄は省略）

構築物の基礎の位置や根入れ寸法などを考える。また、計画道路がある場合もあるため、事前に役所などで確認する。

【用語説明】

逃げ杭　工事に必要な測量杭を簡単に復元できるように、工事に支障のない場所に設置する杭などを指す。設置方法については第2章ポイント3（p.31）を参照。

【資格】

測量士　測量業者に配置が義務づけられている国家資格（国土交通省）。測量士は、測量業者の行う測量に関する計画を作法または実施する。測量士補は、測量業者の作製した計画に従い測量に従事する。

一般に、測量業者の行う基本測量または公共測量に従事する測量技術者は、測量法に定めるところにより登録された測量士または測量士補でなければならない。また、測量業者はその営業所につき、1人以上の有資格者を設置することが測量法により規定されている（必置資格）。

土地家屋調査士　土地家屋調査士法により定められた国家資格（法務省）。土地家屋調査士は、不動産の表示に関する登記につき、必要な土地または家屋に関する調査および測量を行う専門家として、不動産の物理的状況を正確に登記記録に反映させるために、必要な調査および測量を行っている。

具体的には、不動産（土地または建物）の物理的な状況を正確に把握するためにする調査、測量のことをいう。例えば、土地の分筆登記であれば、登記所に備え付けられた地図や地積測量図などの資料、現地の状況や隣接所有者の立会いなどを得て公法上の筆界を確認し、その成果に基づき測量をすることになる。

境界杭の種類

表 1-2　杭の種類と形（ポイント）

杭の種類	杭の形	備考（杭の位置・ポイント）
コンクリート杭（写 1-2）	十字・T 字・矢印・マイナス	十字……十字になっている交点の中心部
石杭（写 1-3）	点・鋲・刻み	T 字……T 字になっている交点の中心部
金属杭（写 1-4）	十字・T 字・矢印・マイナス	矢印……矢印の先端（面取りの場合は杭の端部）
プラスチック杭（写 1-5）	点・鋲（青・黄・赤・白）	マイナス（ー）……方向杭のため境界通り線
鋲（写 1-6）	鋲	点……点の中心点
木杭（写 1-7）	刻み	

表 1-3　杭の状況と確認方法

杭の状況	確認方法
埋まっている	掘り起こして境界杭を確認
傾いている	境界位置確認が必要
動いている	境界位置確認が必要
欠けている	境界位置確認が必要

写 1-1　用地界標。鉄道用地の境界線上に 20m ごとに設置される杭

写 1-2　コンクリート杭（左：十字、右：矢印）

写 1-3　石杭（御影石）

写 1-4　金属杭（境界プレートなど）

写 1-5　プラスチック杭

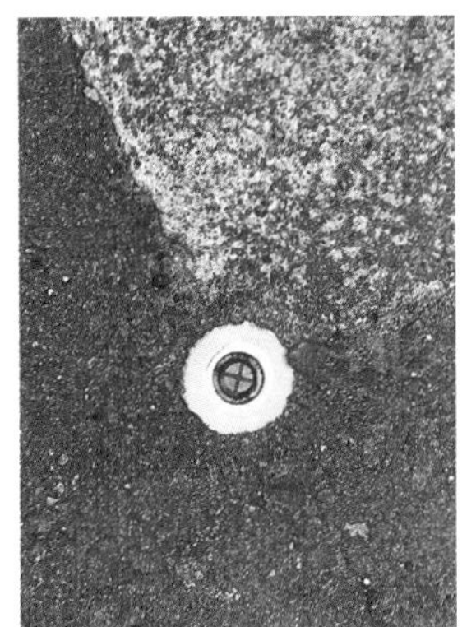

写 1-6　鋲

写 1-7　木杭

高低差

ポイント 3　高低差の確認

敷地および周辺（道路や隣地）との高低差を確認するには測量機器を用いて高低測量（レベル測量）を行う。測量はオートレベル（機器）とスタッフを用いるのが一般的であるが、最近ではレーザーレベル（機器）も使用されている（写 1-8､9）。

隣地との高低差は敷地内に設ける境界塀や土留め、階段などの高さに関係し、高低差の大小によっては設計変更や施工金額変更の可能性があるので、慎重に測量作業を行う。

写 1-8　オートレベル

写 1-9　回転レーザレベル

【用語説明】

ベンチマーク（BM）　高低測量において標高の基本となる水準点。工事現場で測量を行う際に一時的に設ける仮の水準点を意味するものを「仮ベンチマーク」と呼んで、KBM で表す。現場の近場で動いたりしない構造物の基礎や道路の側溝の縁、マンホール蓋の天端などを KBM として設定する。KBM と同様に仮ベンチマークを意味する TBM（Temporary Bench Mark）が使われることもある。図面に KBM が設定されている場合は、これを水準点とする（図 1-3）。

高さ水準点　図面上で TBM または KBM と表記されている場合、TBM または KBM を ± 0 にして施工時の高さの水準点とする。TBM または KBM が設定されていない場合は、水準点を設置するようにする。その場合、エクステリア工事の TBM または KBM は道路面の一番低い所で動かない場所に設置し、仕上がり高を全て＋（プラス）にすることが施工の間違いを少なくする。

既存物

ポイント 4　既存物の確認

工事現場内の既存物は、施工後に汚れや破損、ひび割れなどがあった場合、施主とのトラブルにつながる。従って、工事着手前に既存物の写真を撮影してリストなどを作成しておき、施主の承認を得ることが重要である。

既存物の調査では、次の点に注意する。

- 近隣の塀や土間などの現況状況が確認できる写真を撮る。
- 庭石や樹木で残すものと撤去するものを確認する。
- 塀や門で残す部分と撤去する部分を確認する。
- 残す予定であっても構造上的な問題がある場合は、施主と相談する。
- 残す予定のものには、すでに損傷や傷がついている場合もあるので、写真を撮っておく。
- 工事中に埋設物が出た場合は、日付入りの写真を残し、施主と相談する。

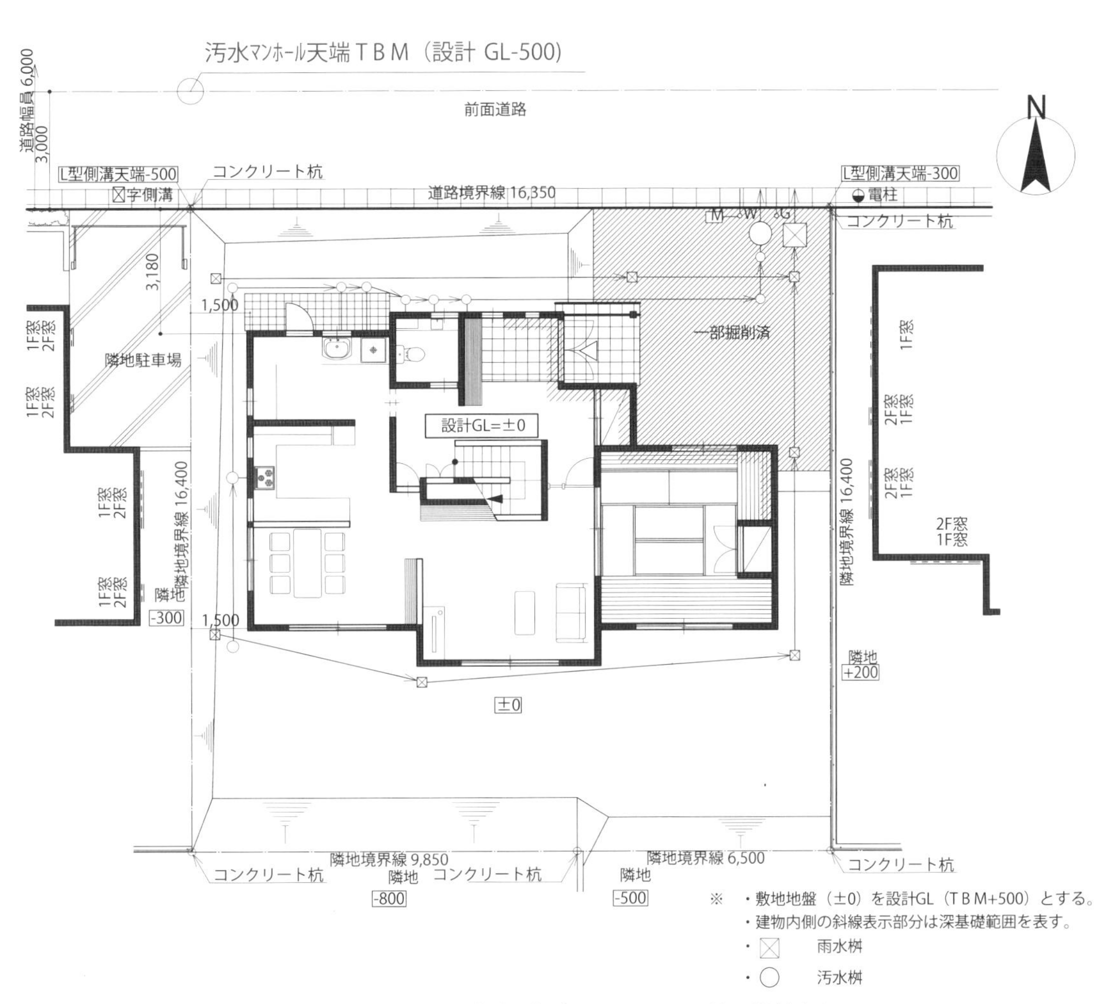

図 1-3　現況図例。図面上では、TBM は前面道路の汚水マンホール天端に記載されている

側溝

ポイント 5　地先境界ブロックや側溝部材などの破損、ひび割れ、不陸の確認

エクステリア工事は道路に近接して行うことが多い。道路の側溝や縁石は公共物であるので、工事前に側溝や縁石、溝蓋（側溝蓋）の位置や種類、状態などを記録しておく。工事中も破損やずれが生じないようにしなければならない（写 1-10、11）。

次の問題点にも注意して現地調査を行い、設計・施行に反映する。

- 側溝や縁石に不陸がある場合は、床造成（コンクリート打設など）時に床高に問題が発生する。
- 構築物の基礎根入れ寸法は、側溝や縁石の種類や設置により、構築物の基礎根切り底が変わる。
- 構築物の基礎（地業工事およびコンクリート工事）が道路境界を越境することが考えられる。

写 1-10　破損している側溝蓋（左）と歩車道境界ブロック

写 1-11　不陸のＬ形側溝は工事完了前に交換の可能性もあるので、状況確認をしておく

側溝の種類

側溝は、道路と敷地境界線に設けられ、道路面に降った雨水を排水管や集水桝、マンホールなどに導くために設けられる。その形状は側溝を切断面から見た形状によって、U、L、LU の字形に区分され、呼称されている。

❶ U 形側溝（U 字溝）

U 形側溝には、蓋のないものや落ち蓋式、上蓋式などがあり、道路の幅員や排水方法に合わせ、開口や深さなどにより多くの種類が用いられている。用途としては路面上の雨水の排水に用いられる。また、歩道のない道路と宅地境界面の排水用としても設置される（図 1-4）。

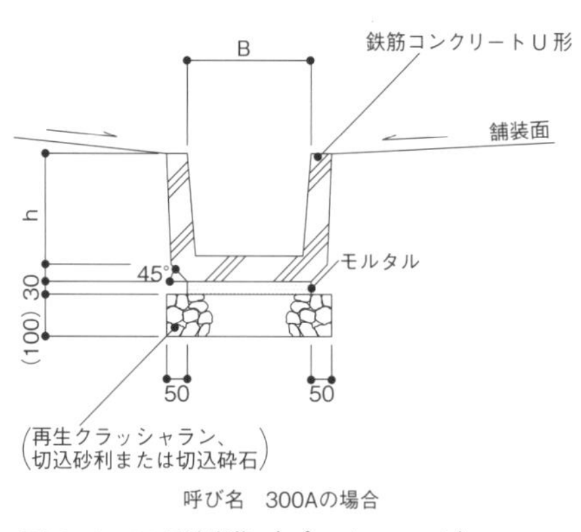

図 1-4　U 形側溝（プレキャスト）

❷ L 形側溝（L 字溝）

主として歩道のない道路と宅地の境界面の雨水排水用として L 形側溝も用いられる。切下げ・乗入れタイプなどがある（図 1-5）。

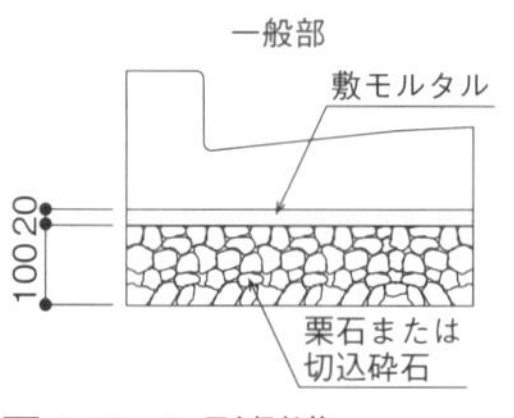

図 1-5　L 形側溝

❸ 集水桝

集水桝とは字のごとく水を集める桝のことを指し、道路や敷地内に降った雨水を集め、側溝の水のオーバーフローを防ぐために設けられる。桝は工場生産品（コンクリート二次製品）や現場打ちで、主に道路の側溝に合わせた規格となり、桝と蓋で構成される（写 1-12 ～ 14）。

写 1-12　グレーチング桝蓋

写 1-13　装鉄雨水桝蓋

写 1-14　装鉄汚水桝蓋

❹ LU 形側溝

LU 形側溝とは、L 形側溝の総幅に合わせた側溝で、L 形側溝の下部に用いられる U 形側溝と、L 形側溝を蓋として重ね合わせた側溝のことをいう。集水タイプや各種切下げ・乗入れタイプがある（図 1-6）。

❺ LO 形側溝

LO 形側溝とは、L 形側溝の下に円形水路を設けた側溝を指し、一体形や縁石と組み合わせた形などがある。水路の上面の形状（F 形、フラット形、皿形、E 形など）により、様々なものがある（図 1-7）。

❻ VS 形側溝（自由勾配側溝）

VS 形側溝は、PC 側溝を据付け後に溝内の底面にコンクリートを打設することによって、自由な排水勾配を設定できる側溝をいう（図1-8）。

❼ V形側溝

V形側溝は、広く、高低差の少ない場所の路面排水用として設けられる、側溝断面の形状が緩いV字形をなし、左右の路面集水を目的に用いられる側溝をいう（図1-9）。

❽ 暗渠形側溝（道路側溝横断型暗渠）

暗渠形側溝は、地下に埋設した水路のことで、側溝本体と蓋板を一体化した製品である。暗渠ともいい、車両通行時のガタツキ音が発生しない。また、蓋をして分からないようにしている水路も暗渠と呼ぶ（図1-10）。

標準部L形

車両乗入れ用L形

歩行者横断用L形

図1-6　LU形側溝

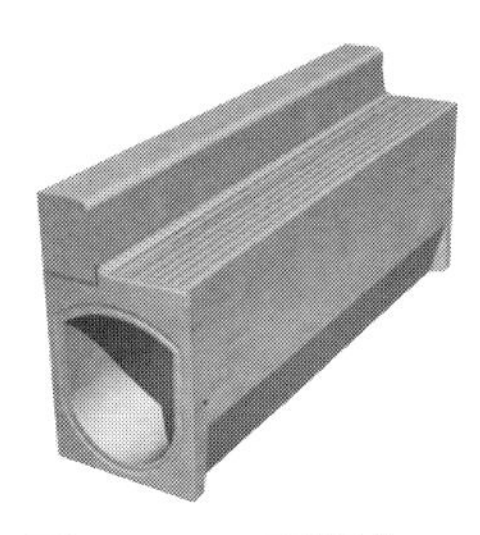

図1-7　LO形側溝

図1-8　VS形側溝

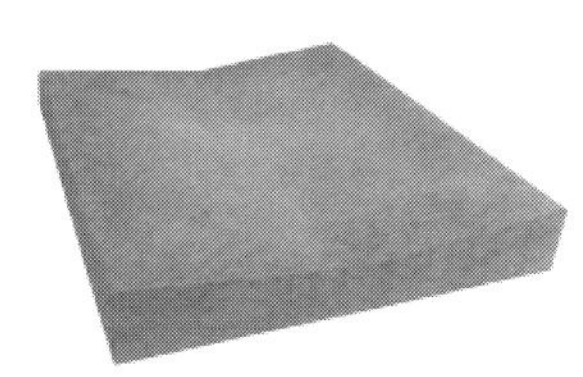

図1-9　V形側溝

図1-10　暗渠形側溝

縁石の種類

ここでは、主に道路や歩道と宅地との境界線などに用いられる地先境界ブロック、および、歩道に設けられる植栽帯の縁に用いられる縁石を取り上げる。

❶ 地先境界ブロック

道路以外にも一般的によく用いられる縁石だが、主として官民境界に使われる縁石で３種類の規格がある。JISのプレキャスト無筋コンクリート製品である（図1-11、表1-4）。

❷ 歩車道境界ブロック

主として車道と歩道の境界に使われる縁石で、JISによって片面・両面タイプにそれぞれ３種類の規格がある。また、各種切下げ、乗入れタイプがある。直線部用だけではなく曲線部用の製品も一般部用・切下げ部用など多くのバリエーションが揃っている（図1-12、表1-4）。

❸ 歩道切下げ用のブロック（BFブロック）

歩道切下げ用のユニバーサル製品のブロックで、車道から歩道に横断する箇所に「段差のない」「境界が分かる突起が欲しい」という要望に応えた縁石となっている（図1-13）。

❹ 並木桝・植樹帯ブロック

歩道の並木および植樹帯用の縁石。コーナー部のブロックと組み合わせて使用する（図1-14）。

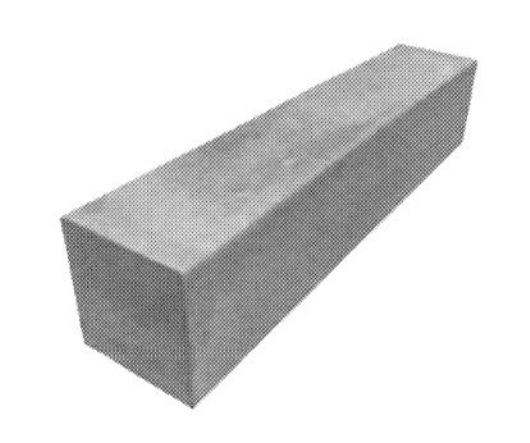

図1-11　地先境界ブロック

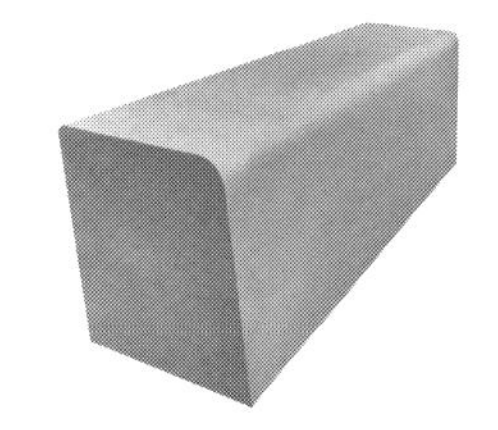

図1-12　歩車道境界ブロック

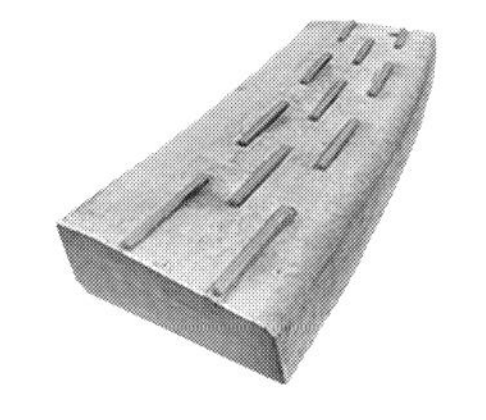

図1-13　歩道切下げ用のブロック

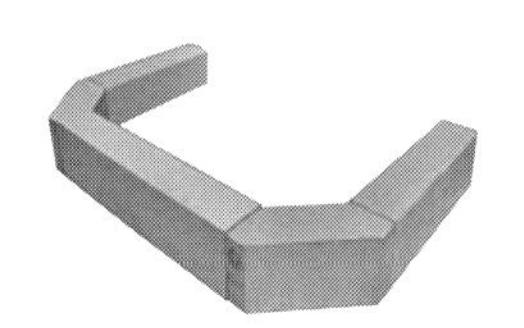

図1-14　並木桝・植樹帯ブロック

表 1-4　ブロックの種類（JIS A 5371:2016 推奨仕様 B-2 境界ブロック）より作成、寸法の許容差は省略）単位 mm

種類	用途	略号	呼び	a	b	h	r	l	曲げひび割れ耐力（kN・m）
片面歩車道境界ブロック	段差のある歩車道境界に用いるもの	片	A	150	170	200	20	600（1000、2000）	2.99
			B	180	205	250	30		5.20
			C		210	300			7.80
両面歩車道境界ブロック	段差のない歩車道境界に用いるもの	両	A	150	190	200	20	600（1000、2000）	3.12
			B	180	230	250	30		5.46
			C		240	300			8.19
地先境界ブロック	主として歩道と民地との境界に用いるもの	地	A	120	120	120		600	0.84
			B	150	150				1.04
			C			150			1.69

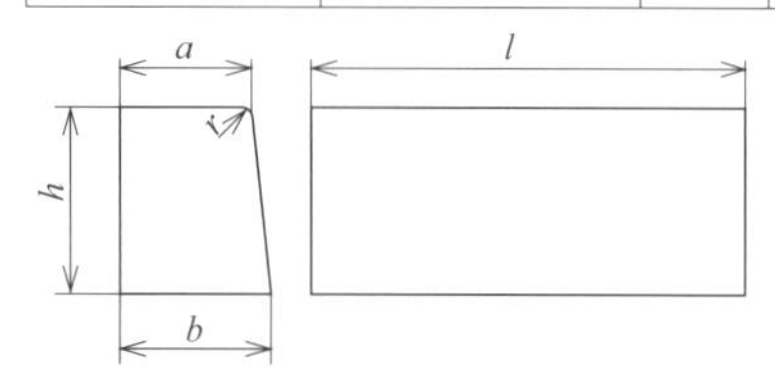

片面歩車道境界ブロックの形状及び寸法

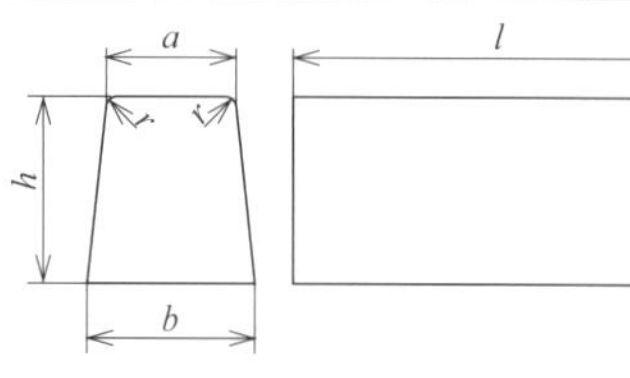

両面歩車道境界ブロックの形状及び寸法

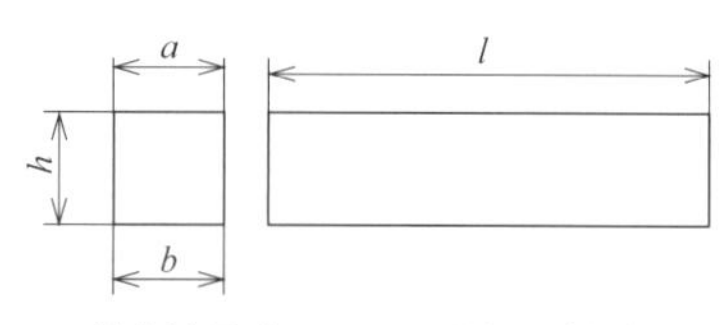

地先境界ブロックの形状及び寸法

溝蓋の種類

側溝に車や人、自転車などが落下する危険を防ぐ目的や、ごみの侵入を防ぐために溝を覆う蓋のことを溝蓋と呼ぶ。蓋の素材としてはコンクリート製や金属製（グレーチング蓋）などがあり、蓋の形式には上蓋式、落ち蓋式、一体形などがある。また、寸法も溝の開口に合わせて数種類が揃っている。

❶ コンクリート製溝蓋

道路に設置されるなど最も多く用いられている溝蓋はコンクリート製であり、JIS 規格による。使用場所により歩道用（1 種・等分布荷重 0.5t/m^2）と車道用（2 種・後輪一輪が 49KN［5tf］）に分けられている（図 1-15、表 1-5）。

図 1-15　コンクリート製溝蓋

表 1-5　側溝蓋の種類（JIS A 5372:2016 推奨仕様 E-2 上ぶた式 U 形側溝より作成、寸法の一部、配筋などは省略）

種類	呼び	b	t	l	曲げひび割れ耐力（kN・m/m） l=500	l=600
1種	150	210	35	500 または 600	0.450	0.375
	180	250	40		0.525	
	240	330	45		0.980	0.933
	300	400	60		1.575	1.458
	360	460	65		1.845	1.0708
	450	560	70		2.250	2.083
	600	740	75		3.015	2.791
2種	150	210	90	500 または 600	3.375	
	180	250			3.500	
	240	330	100		4.083	
	300	400			4.375	
	360	460			5.125	
	450	560	120		8.250	
	600	740	150		12.395	

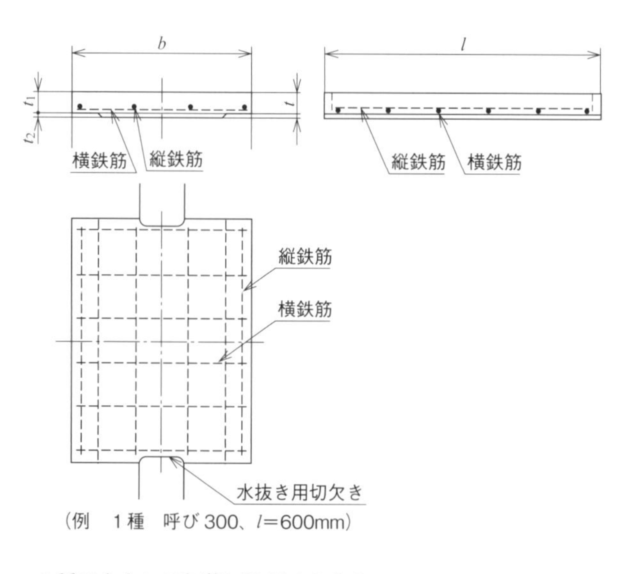

1 種は主として歩道に設置するもの
2 種は車両が隣接して走行することはまれで、走行することがあっても一時避難などで低速で走行するような場所に、車道に平行して設置するもの

❷ 金属製グレーチング蓋

金属製グレーチング蓋とは、鋼製・格子状の溝の蓋のことである。人や物が溝に落ちてしまうといった危険性を防ぐことや、降雨時の排水を目的とし、歩道用（1種）と車道用（2，3種）がある。蓋の形式は上蓋式と落ち蓋式があり、いずれも設置する溝形状に合わせた製品が用意されている。蓋の素材はスチール、ステンレスの他に、FRP・プラスチック・合成ゴム製などもあるほか、表面の仕上げにタイルやインターロッキングを使用することで、周囲のデザインと同一できる製品もある（図1-16 ～ 18、写 1-15､16）。

グレーチング溝幅は、車両などが通行する場所に使用されるものや、歩行者が通行する場所で用いられる溝幅の狭いものなどの種類がある。

グレーチングは耐えられる荷重によって、基本的に5種類の区分（T-2、T-6、T-14、T-20、T-25）と歩道用に分類されている（表 1-6）。

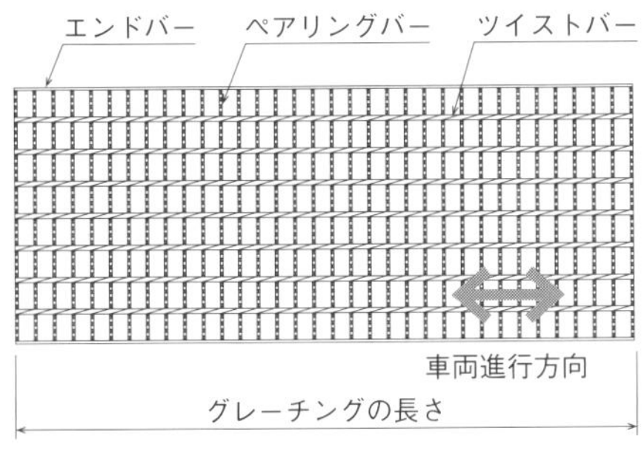

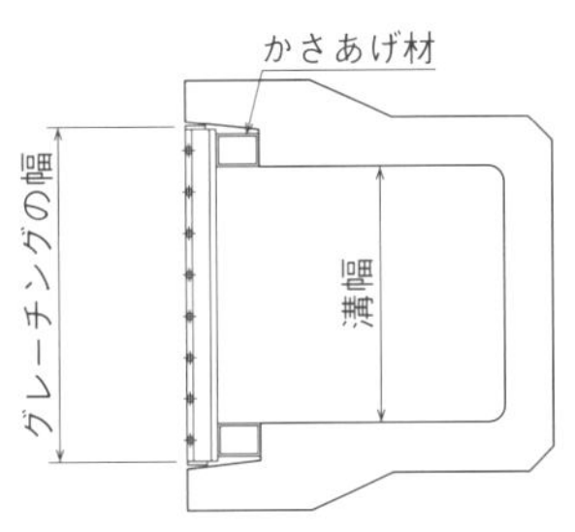

図1-16　かさあげグレーチング

写1-15　グレーチング蓋

図1-17　耳付きタイプ
（両サイドにL型アングルがつく）

図1-18　落し込みタイプ

写1-16　グレーチング蓋の連続使用

表1-6　グレーチングの耐荷重による区分

区分	総重量（t）	主な車種	後輪一輪荷重（kN）	タイヤ設置面積（Acm × Bcm）
T-25	25	トレーラー等	100	20 × 50
T-20	20	大型バス等	80	20 × 50
T-14	14	消防車等	56	20 × 50
T-6	6	救急車等	24	20 × 24
T-2	2	普通乗用車等	8	20 × 16
歩道	人 自転車		等分布荷重 5kN/m^2	

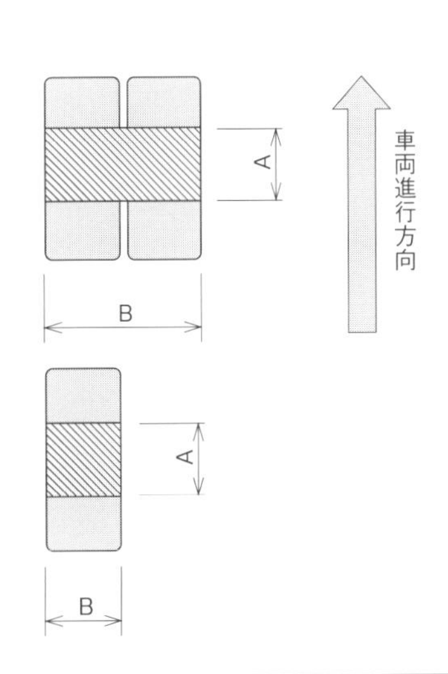

設備A　ガス・給排水

宅地内には住宅の関連の設備（ガスや水道の供給管、汚水や雨水の排水管、浄化槽など）が設置されており、エクステリア工事の際には、その位置や種類、規模などにより工事と干渉することが想定される。従って、設備に対する理解や工事前の調査が重要になる。

ポイント6　宅内の最終桝（公設桝）の位置と高さ（桝蓋）の確認

公設桝は、宅地の所有者の所有物ではなく下水道管理当局の所管になり、基本的には移動や変更はできないので位置と桝蓋の高さを確認しておく。所管する行政に自費工事の申請を行うことで移設は可能だが、申請に時間と工事費用が掛かってしまう。

排水設備には、地域により分流式（雨水と汚水が分かれて設けてある）と合流式（雨水と汚水が一つになって設けられている）のいずれかの方式が取られている。公設桝が宅内に1カ所（合流式）か、あるいは2カ所（分流式）かにより判別できる（図1-19～22）。

駐車空間やアプローチ床などに公設桝が入り、桝蓋の高さ調整が可能な場合は、公設桝の中に砕石やコンクリートなどを落とさないよう十分に注意する。

ポイント7　公設桝以外の宅内の桝や配管の位置と高さの確認

エクステリア工事では、駐車空間やアプローチ床にある宅内桝などについて、床勾配に合わせて高さを調整する必要があったり、構築物と干渉する桝や配管がある場合は、構築物を干渉しない位置に調整する必要がある。従って、現地調査で位置と高さを確認しておく（写1-17）。

写1-17　駐車空間やアプローチが計画される位置に多くの宅内桝があり、これらの高さ調整が必要になる

設備B　止水栓

止水栓とは、通常の水栓以外に、故障時やメンテナンス時に水を止めたり、水量の調整を行うために給水管と給水器具の間に設けられている水栓のことをいう。道路から宅地内に入ったところに設けられていて、水道の宅地内供給の起点となる。

ポイント8　止水栓および止水栓蓋の高さの確認

エクステリア工事において、止水栓および止水栓蓋の高さが工事用車両や重機の出入りに支障がないかを、事前に確認しておく。もし、工事に支障のあるような位置ならば養生を検討する。

止水栓と量水器（水道メーター、メーターボックス）の位置関係も確認しておく（写1-18、19）。

公設桝の参考例

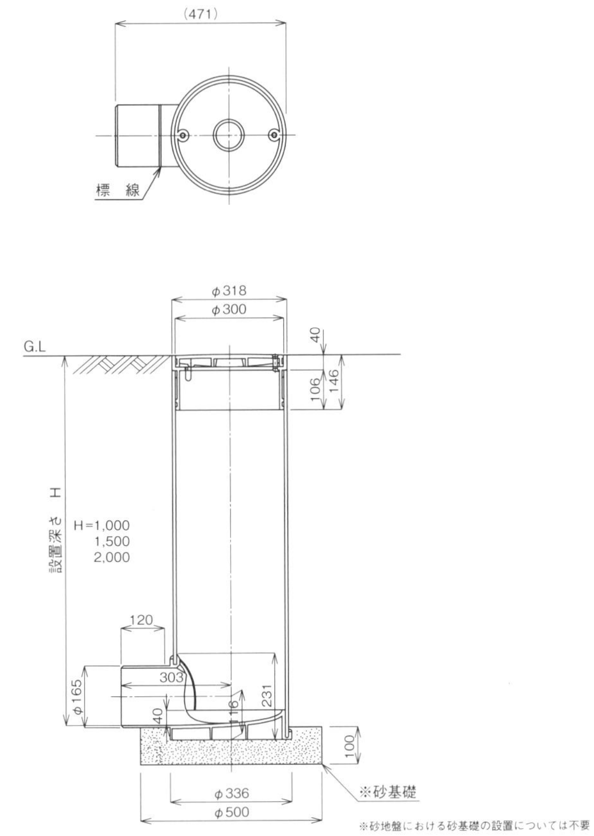

(471)
標線
φ318
φ300
G.L
40
106
146
設置深さ H
H=1,000
1,500
2,000
120
303
φ165
40
16
231
100
φ336
φ500
※砂基礎
※砂地盤における砂基礎の設置については不要

図1-19　塩ビ桝構造図（φ 300、汚水・合流・宅内用）

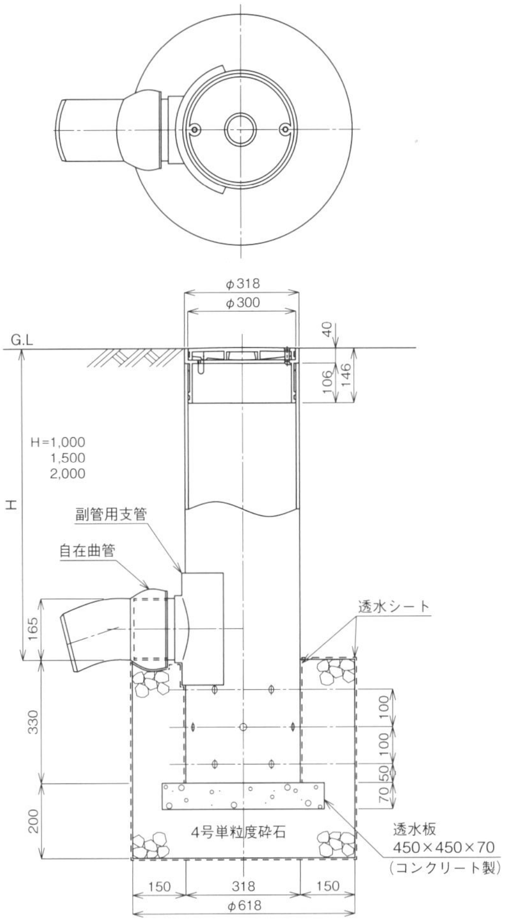

φ318
φ300
G.L
40
106
146
H=1,000
1,500
2,000
H
副管用支管
自在曲管
透水シート
165
330
100
100
50
70
200
4号単粒度砕石
透水板
450×450×70
（コンクリート製）
150
318
150
φ618

図1-20　塩ビ桝構造図（φ 300、雨水・宅内用）

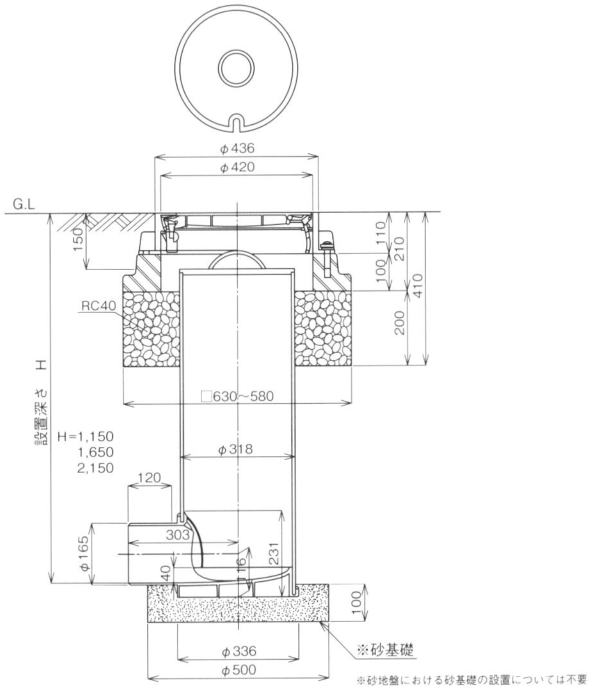

φ436
φ420
G.L
150
110
210
100
410
RC40
200
□630～580
設置深さ H
H=1,150
1,650
2,150
φ318
120
303
φ165
40
16
231
100
φ336
φ500
※砂基礎
※砂地盤における砂基礎の設置については不要

図1-21　塩ビ桝構造図（φ 300、汚水・合流・車道用）

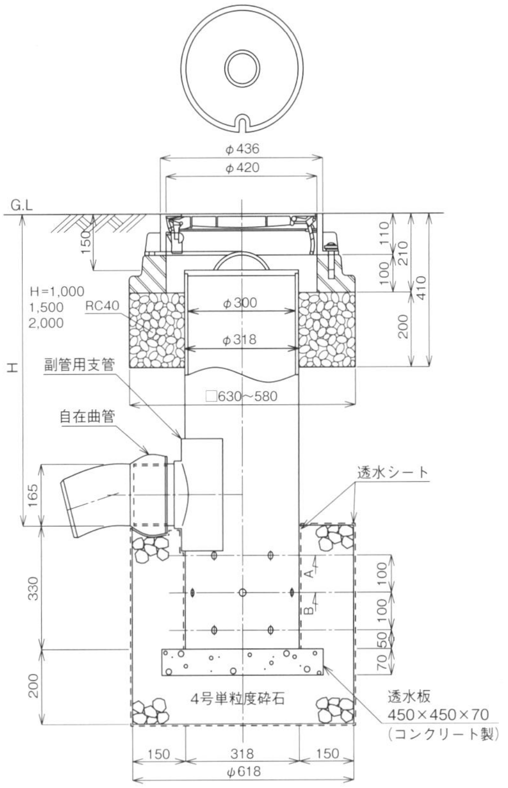

φ436
φ420
G.L
150
110
210
100
410
H=1,000
1,500
2,000
RC40
φ300
φ318
200
H
副管用支管
□630～580
自在曲管
透水シート
165
330
A
B
100
100
50
70
200
4号単粒度砕石
透水板
450×450×70
（コンクリート製）
150
318
150
φ618

図1-22　塩ビ桝構造図（φ 300、雨水・車道用）

写1-18　止水栓

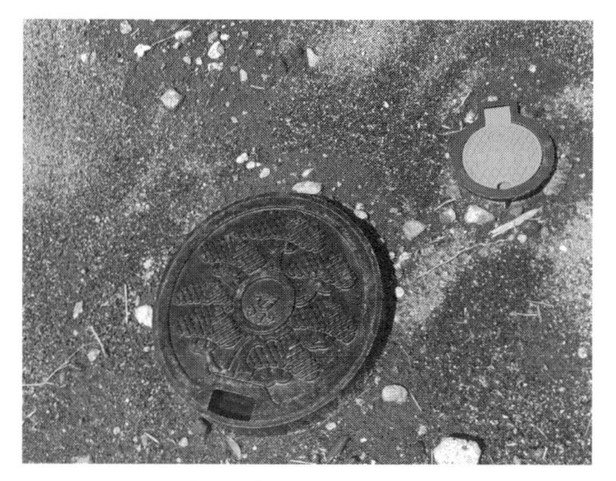

写1-19　公設桝（左）と止水栓（右）

設備C　水道メーター

水道メーターは、宅地の所有者が使用する水道の使用量を記録するための計器で、水道の点検や検針の際に使用される。水道メーターとメーターボックスは組み合わされており、水道メーター以外のメーターを入れるボックスやボックスの蓋、止水栓は宅地の所有者の財産とされている。

ポイント9　水道メーターの位置や高さの確認

水道メーターの量水器ボックス（メーターボックス）は、施主の承諾なしにエクステリア工事の都合で勝手に移動することはできない。さらに、メーターボックスは多少の調整はできるが、高さや位置の調整には限度がある。メーターボックスが自動車の車輪が踏む位置にあるならば、養生する必要がある（写1-20､21）。

写1-20　水道メーターの量水器ボックス

写1-21　水道メーターの量水器ボックスの内部

設備D　給排水の経路

建物の周りには、建物内に供給する給水や建物から出てくる排水の配管が敷設されている。建物の外壁から1.0 m内外の範囲に給排水の配管や桝が設置され、エクステリア工事との干渉が予想される。桝は地上にその蓋が見えるが、配管は見えないので桝の位置から推測することになる。

ポイント10　給排水外部系統図との照合

建築の給排水外部系統図を見れば、桝の位置や大きさ、配管の経路、管底、管の径などを知ることができるので、事前に現場で照合しておく（図1-23）。

工事着手前にも、できる範囲で給排水経路の確認を目視で行い、施工時の配管破損がないようにする。特に重機による掘削や冬季の手掘りなどで破損してしまうことが予想されるので、注意が必要になる。防草シートのピン（金属製）でも配管に破損が生じることもあるので注意する。

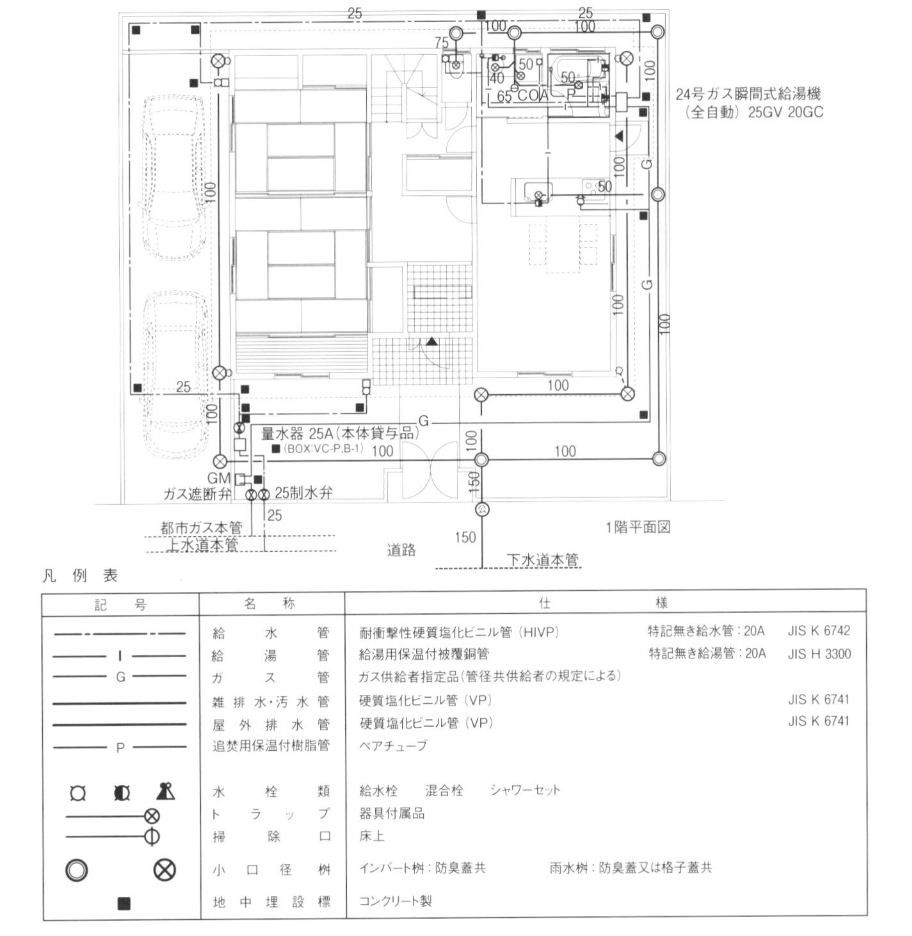

記号	名称	仕様		
―・―・―	給水管	耐衝撃性硬質塩化ビニル管（HIVP）	特記無き給水管：20A	JIS K 6742
―― I ――	給湯管	給湯用保温付被覆銅管	特記無き給湯管：20A	JIS H 3300
―― G ――	ガス管	ガス供給者指定品（管径共供給者の規定による）		
――――	雑排水・汚水管	硬質塩化ビニル管（VP）		JIS K 6741
――――	屋外排水管	硬質塩化ビニル管（VP）		JIS K 6741
―― P ――	追焚用保温付樹脂管	ペアチューブ		
	水栓類	給水栓　混合栓　シャワーセット		
	トラップ	器具付属品		
	掃除口	床上		
	小口径桝	インバート桝：防臭蓋共	雨水桝：防臭蓋又は格子蓋共	
■	地中埋設標	コンクリート製		

図1-23　給排水外部系統図の例

設備E　ガス配管

ガス管の引込み位置は、道路に近い所に緑色などの杭頭で示されている（自治体により色は異なる）。ガス管の位置を確認しておかないと、工事の際に配管を傷つけてガス漏れを起こすなど、周辺にも大きな危険を発生させることになる。

ポイント 11　引込み杭に注意してガスの進入路とメーター位置の確認

宅地内に埋設されているガス管は深さが浅く、土被りが少ないことがあるので、注意しながら進入路とメーターの位置を確認する。防草シートなどを止めるピンを打ち込む際も、ガス管を破損しないように注意する（写1-22､23）。

写1-22　ガス引込み位置の杭

写1-23　土被りの浅いガス管・給水管

電気

電気が建物に引き込まれる際、架線が空中を通る場合と、受電ポールなどで受けて地中配線となる場合がある。電気の工事は電気設備工事だが、道路や引込み架線の位置や高さ、関連する電柱や支線の位置などがエクステリア工事に関わってくる。

ポイント 12　工事着手前に、電柱および支線の位置の確認

エクステリア工事での車両や重機の搬入路や使用場所を想定するために、電柱や支線の位置を確認しておく。また、計画上でも電柱や支線の位置は、門塀の設置位置と関係してくる。

ポイント 13　現場での電気使用を確認し、必要に応じて発電機を検討

エクステリア工事中に使用する電気を仮設にするか、あるいは本設にするのかを確認し、同時に供給電気のコードの長さを記録しておく。その際、電気供給が、空中経路あるいは地中経路かなどについても確認する。空中の場合は、電気の架線に損傷を与えないように、あらかじめ工事車両の高さや重機使用時の高さを想定しておく。

接道

宅地に接する道路を接道というが、この接道はエクステリア計画に大きく関わってくる。また、工事を行うときには毎日使用するものであり、接道の状況（道路幅員、舗装状況、歩道の有無、交通量など）は工事の難易度や仮設工事、工期に大きく影響する。

ポイント 14　42条2項道路かの確認

前面道路の幅員が1.8m以上4.0 m未満である場合は、建築基準法第42条第2項に該当する道路（42条2項道路）かもしれないので、道路後退について確認する必要がある。また、道路や隣地に対して壁面後退や外壁後退も検討しておく。

注）法律はp.27参照

【用語説明】

42条2項道路　建築基準法第42条（道路の定義）第2項で定められている幅員が4m（または6m）未満の道路。都市計画区域等の指定・変更等により建築基準法第3章（都市計画区域等における建築物の敷地、構造、建築設備及び用途）の規定が適用された時点で現に存在する道路のうち、現に建築物が建ち並んでいる幅員が4m（または6m）未満の道で、特定行政庁が指定したもの。

道路後退　建築基準法の規定によって接道の中心点より2m以上後退することで4m以上の道路とみなし、建築ができるようになること。セットバックともいう。

壁面後退・外壁後退　民法第234条（境界線付近の建物の制限）や建築基準法第54条（外壁の後退距離）に規定されている。壁面後退は道路境界線から建築物の外壁、または、これに代わる柱面（壁面線）まで後退すること。外壁後退は隣地敷地境界線から建築物の外壁またはこれに代わる柱面（壁面線）まで後退すること。エクステリア工事ではあまり関連することがないが、覚えておくとよい。

ポイント 15　接道状況で搬入・運搬車両、車両系建設機械の制限の確認

道路の構造保全や交通危険を防止するために、道路法第47条第1項にもとづく車両制限令により、制限値を超える車両の通行は道路管理者に通行の認定「特殊車通行許可」を受ける必要がある。また、

接道が道路管理者が指定した市街地区域（家屋や商店などが密集した地域内）にあるか、市街地区域外にあるかでも通行できる車両の幅の最高限度が異なるので注意が必要となる（表1-7 ～ 9）。

表1-7　車両の幅等の最高限度
（道路法第47条第1項、車両制限令第3条より作成）

<table>
<tr><th colspan="2">車両の諸元</th><th>一般的制限値（最高限度）</th></tr>
<tr><td colspan="2">幅</td><td>2.5m</td></tr>
<tr><td colspan="2">高さ</td><td>3.8m</td></tr>
<tr><td colspan="2">長さ</td><td>12m</td></tr>
<tr><td rowspan="3">重さ</td><td>総重量</td><td>20t</td></tr>
<tr><td>軸重</td><td>10t</td></tr>
<tr><td>輪荷重</td><td>5.0t</td></tr>
<tr><td colspan="2">最小回転半径</td><td>12m</td></tr>
</table>

表1-8　市街地区域外の車両の幅の制限
（道路法第47条第4項、車両制限令第6条より作成）

区分	制限値（最高限度）
一般の道路	（車道の幅員÷2）を超えないもの
一方通行の道路または300 m以内の区間ごとに待避所のある道路	（車道の幅員－0.5m）を超えないもの
交通量が極めて少ない道路、一方通行の道路＊	車道の幅員を超えないもの

＊道路管理者が自動車の交通量が極めて少ないと認めて指定したもの

表1-9　市街地区域の車両の幅の制限（道路法第47条第4項、車両制限令第5条より作成）

<table>
<tr><th colspan="2">区分</th><th>制限値（最高限度）</th></tr>
<tr><td rowspan="2">一般の道路</td><td></td><td>［（道路の幅員－0.5m）÷2］を超えないもの</td></tr>
<tr><td>交通量が極めて少ない道路、一方通行の道路＊</td><td>（車道の幅員－0.5 m）を超えないもの</td></tr>
<tr><td rowspan="2">駅前、繁華街等にある歩行者の多い道路で歩道などがない区間を道路管理者が指定した時間内に通行する車両</td><td></td><td>［（車道の幅員－1.5 m）÷2］を超えないもの</td></tr>
<tr><td>交通量が極めて少ない道路、一方通行の道路＊</td><td>（車道の幅員－1.0 m）を超えないもの</td></tr>
</table>

＊道路管理者が自動車の交通量が極めて少ないと認めて指定したもの

ポイント 16　道路の時間規制、道路使用許可や道路占有許可の有無の確認

接道の時間帯通行規制（通学時間帯の車両通行禁止など）の確認をする。また、道路交通法第77条、道路法第32条により、道路使用許可（警察署）や道路占有許可（道路管理者［国・都道府県・市町村］）を申請する必要性がある（写1-24、図1-24）。

注）法律はp.28参照

写1-24　大型ミキサー車を使用して歩道と車道を規制しながらのコンクリート打設作業状況

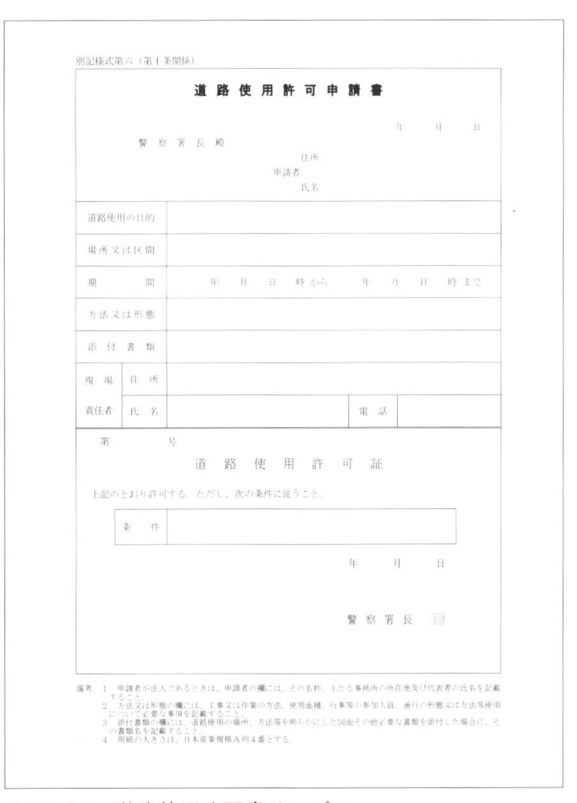

別記様式第六（第十条関係）

道路使用許可申請書

年　月　日

警察署長殿

住所
申請者
氏名

道路使用の目的			
場所又は区間			
期間	年　月　日　時から　年　月　日　時まで		
方法又は形態			
添付書類			
現場責任者　住所			
現場責任者　氏名		電話	

第　号

道路使用許可証

上記のとおり許可する。ただし、次の条件に従うこと。

条件	

年　月　日

警察署長　印

備考　1　申請者が法人であるときは、申請者の欄には、その名称、主たる事務所の所在地及び代表者の氏名を記載すること。
2　方法又は形態の欄には、工事又は作業の方法、使用面積、行事等の参加人員、通行の形態又は方法等使用について必要な事項を記載すること。
3　添付書類の欄には、道路使用の場所、方法等を明らかにした図面その他必要な書類を添付した場合に、その書類名を記載すること。
4　用紙の大きさは、日本産業規格A列4番とする。

図1-24　道路使用許可書サンプル

ポイント17　工事中の養生の必要性、高低差への対応などの検討

道路の重量制限（車両重量）、道路幅員による運搬車両の大きさ、舗装状況による養生の必要性、地盤の高低差などの確認も必要となる。歩道のついた接道の場合、歩道の切り下げの必要性、歩道植栽地の有無、防護柵の有無なども調べておく。

ポイント18　工事中の誘導員の必要性

接道における人や車の通行量を調べる。接道が通学路・避難路・う回路であるのかも確認し、工事の時間規制や誘導員の必要性を検討する。

ポイント19　道路上の設置物の確認

道路上の公設桝や消火栓付近の駐車は禁止となるので、公設桝や消火栓（消火水槽）を確認する。また、道路に設けられた交通標識などは原則移動できないが、必要に応じて移動申請をすることもあるので、交通標識の位置も確認しておく。

土質

構造物をつくるうえでも、樹木を植えるにしても、施工地の土質を知ることはエクステリアの計画や施工にとって重要である。構造物をつくる場合は、土の透水性や内部摩擦角、地耐力などを知る必要がある。一方、植物を植える場合は、排水、通気、保水、肥沃、酸性度などが重要になる。

土壌は土粒子と粒子間の隙間にある水と空気の三相で構成されている。理想的な土壌は、固相（土粒子）率が40％程度、液相（水）率と気相（空気）率は各30％程度である（図1-25）。

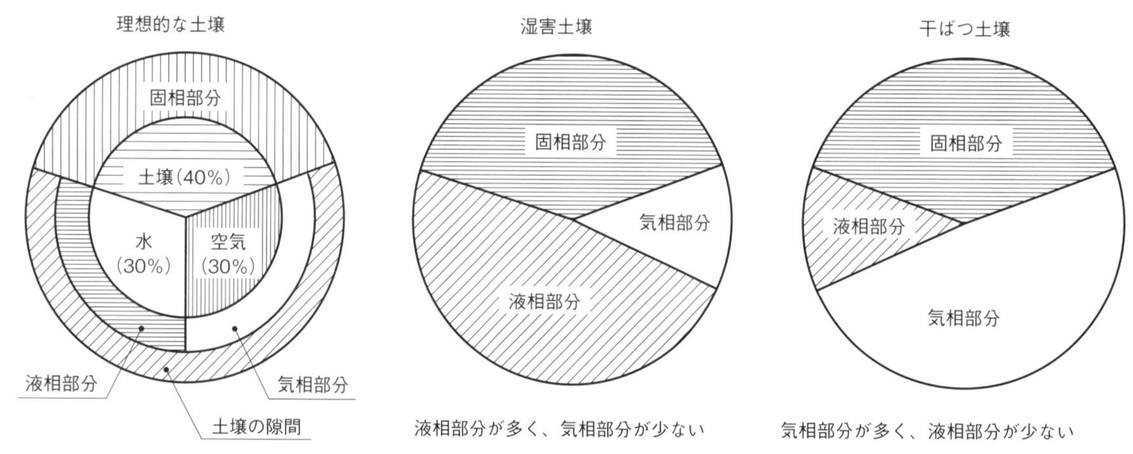

図1-25　土の三相の模式図

ポイント20　砂質土と粘性土、土性の確認

土壌の固相である土粒子は、様々な大きさの粒子で構成されているが、その割合で性質が異なる。土質工学会では、土粒子を粒径によって図1-26のように区分している。土の力学的な性質は、砂質土と粘性土によって大きく異なるので、施工する地盤について調査することが必要である。

また、植栽の土壌では、土性についても調べる必要がある。

5μm	75μm	0.42mm	2.0mm	5.0mm	20.0mm	75mm
粘土	シルト	細砂	粗砂	細礫	中礫	粗礫
		砂		礫		
細粉分		粗粉分				

図1-26　粒径区分と呼び名

【砂質土】

砂質土とは、砂分を主体とする粒径75mm未満の粗粒分を50%以上含む土ををいう。粘り気がなく、握ってもすぐ崩れてしまうような土質で、手の感触で区別できる。砂質土は、日本の沖積平野の自然堤防上や河川沿いの耕地、山地斜面の風化層の表層に見られ、細粒の礫を含むことも多い。

砂質土の特徴として、粘性土に比べて粒径が大きく、透水性が高く水を通しやすく、排水しやすく粘着力が少ない土質である。また、土粒子のかみ合わせや摩擦により耐力（内部摩擦）を発揮するが、液状化の可能性のある土といえる。

【粘性土】

粘性土とは、粒径が小さい粘り気のある土の総称で、粘土やシルトなど粒径が小さい土粒子（75μm以下）を50%以上含む土をいう。手で握ると簡単に塊となり、触った感じも弾力性をもつ柔らかい感触である。砂やほこりが風化作用により粉砕され、海底に堆積したものが粘土で中間的な場所（沖積層の沿岸部）に生成されたものである。

粘性土の特徴としては、砂質土に比べ土に含まれる粒径が小さいので透水性は低く、水を通し難いので含水比が大きい性質をもつ。また、粒径の小さな土粒子は互いに結合して粘着力をもち、地盤として耐力を発揮するが、圧密沈下を起こしやすい。

【土性】

日本農学会は、0.01mm以下の土粒子を「粘土」と区分し、細土（粒径2mm以下の土壌粒子）中の粘土の割合により保水力、透水性、保肥力などから土性を分類している。このうち植物に適している土壌は「壌土」であり、「埴壌土」がこれに次ぐとされている（表1-10）。

表1-10　日本農学会による土性の分類

区分	砂土	砂壌土	壌土	埴壌土	埴土
粘土と砂との割合の感じ方	サラサラとほとんど砂だけの感じ	大部分（70～80%）が砂の感じで、わずかに粘土を感じる	砂と粘土が1:1の感じ	大部分が粘土で一部（20～30%）砂を感じる	砂を感じず、ほぼヌルヌルした粘土の感じ
分析による粘土の割合	12.5%以下	12.5～25.0%	25.0～37.5%	37.5～50.0%	50.0%以上
保水力	××	×	○○	○○	○○
透水性	○○	○○	○○	×	×
保肥力	××	×	○○	○○	○○
植栽に関しての適否	××	○*	○○	○○	××

*　砂壌土の保肥力が足らない点に関しては、施肥などで対応

法律

【境界損壊】

刑法第262条の2

境界標を損壊し、移動し、若しくは除去し、又はその他の方法により、土地の境界を認識することができないようにした者は、5年以下の懲役又は50万円以下の罰金に処する。

【42条2項道路】

（道路の定義）

建築基準法第42条

2　都市計画区域若しくは準都市計画区域の指定若しくは変更又は第68条の9第1項の規定に基づく条例の制定若しくは改正によりこの章の規定が適用されるに至つた際現に建築物が立ち並んでいる幅員4m未満の道で、特定行政庁

の指定したものは、前項の規定にかかわらず、同項の道路とみなし、その中心線からの水平距離２ｍ（同項の規定により指定された区域内においては、３ｍ［特定行政庁が周囲の状況により避難及び通行の安全上支障がないと認める場合は、２ｍ］。以下この項及び次項において同じ。）の線をその道路の境界線とみなす。ただし、当該道がその中心線からの水平距離２ｍ未満で崖地、川、線路敷地その他これらに類するものに沿う場合においては、当該崖地等の道の側の境界線及びその境界線から道の側に水平距離４ｍの線をその道路の境界線とみなす。

【境界線付近の建築の制限】

民法第234条

1　建物を築造するには、境界線から50cm以上の距離を保たなければならない。

2　前項の規定に違反して建築をしようとする者があるときは、隣地の所有者は、その建築を中止させ、又は変更させることができる。ただし、建築に着手した時から１年を経過し、又はその建物が完成した後は、損害賠償の請求のみをすることができる。

【第一種低層住居専用地域等内における外壁の後退距離】

建築基準法第54条　第一種低層住居専用地域、第二種低層住居専用地域又は田園住居地域内においては、建築物の外壁又はこれに代わる柱の面から敷地境界線までの距離（以下この条及び第86条の６第１項において「外壁の後退距離」という。）は、当該地域に関する都市計画において外壁の後退距離の限度が定められた場合においては、政令で定める場合を除き、当該限度以上でなければならない。

2　前項の都市計画において外壁の後退距離の限度を定める場合においては、その限度は、1.5m又は1mとする。

【道路使用許可】

道路交通法第77条　次の各号のいずれかに該当する者は、それぞれ当該各号に掲げる行為について当該行為に係る場所を管轄する警察署長（以下この節において「所轄警察署長」という。）の許可（当該行為に係る場所が同一の公安委員会の管理に属する二以上の警察署長の管轄にわたるときは、そのいずれかの所轄警察署長の許可。以下この節において同じ。）を受けなければならない。

一　道路において工事若しくは作業をしようとする者又は当該工事若しくは作業の請負人

二～四　省略

【道路の占用の許可】

道路法第32条　道路に次の各号のいずれかに掲げる工作物、物件又は施設を設け、継続して道路を使用しようとする場合においては、道路管理者の許可を受けなければならない。

一　電柱、電線、変圧塔、郵便差出箱、公衆電話所、広告塔その他これらに類する工作物

二　水管、下水道管、ガス管その他これらに類する物件

三　鉄道、軌道、自動運行補助施設その他これらに類する施設

四　歩廊、雪よけその他これらに類する施設

五　地下街、地下室、通路、浄化槽その他これらに類する施設

六　露店、商品置場その他これらに類する施設

七　前各号に掲げるもののほか、道路の構造又は交通に支障を及ぼすおそれのある工作物、物件又は施設で政令で定めるもの

2　前項の許可を受けようとする者は、左の各号に掲げる事項を記載した申請書を道路管理者に提出しなければならない。

一　道路の占用（道路に前項各号の一に掲げる工作物、物件又は施設を設け、継続して道路を使用することをいう。以下同じ。）の目的

二　道路の占用の期間

三　道路の占用の場所

四　工作物、物件又は施設の構造

五　工事実施の方法

六　工事の時期

七　道路の復旧方法

第２章　仮設工事

仮設工事の内容

仮設工事には直接仮設と共通仮設の２種類がある。

直接仮設工事とは、仮設工事の中で建設作業を行うために直接必要な仮設設備や作業を指す。水盛・遣方、地縄張りも含めた準備工事、墨出し、足場、発生材の処分、資材の運搬などが含まれる。

一方、共通仮設工事は、工事施工そのものに直接関係しないが、工事全体を進めるために必要となる費用のこと。仮設トイレ、現場事務所、仮囲い、仮設電気、仮設水道などが含まれる。

仮設物は工事完了後撤去されるし、準備や清掃も建物や工作物を直接つくる作業ではないが、どの現場においても欠かせない重要な工事である。

【用語説明】

縄張り　工事に先立ち、全体をどのように配置するかを決定するために縄を張って示すこと。

水盛遣方　構築物の高低、位置、方向を定めるために、所要の位置に仮設標示物を設置すること。位置・高さ・計画線（通り）などを決めて、施工の準備をする仮設物。

墨出し　所定の寸法の基準となる位置や高さなどを、構造体などの所定の場所に墨を用いて標示する作業。

仮囲い　公衆災害の防止を図り、所定の出入り口以外からの入退場の防止、盗難防止を目的に工事現場と外部とを隔離する仮設構築物。

工事着手前

ポイント１　近隣への挨拶・説明

騒音や振動、道路への影響などをともなう工事の場合、近隣住民などへの説明と理解を得ることが工事を円滑に進めるためには不可欠となる。その第一歩として、工事に着手する前に、近隣への挨拶と説明を行う。この際、工事業者単独では行わず、施主と一緒にまわるか、事前に施主が挨拶にまわっておくことが重要となる。工事業者が施主よりも先に挨拶や説明に出向くと、施主に対する近隣住民の印象が悪くなるおそれがあるので、注意する。

ポイント２　境界の確認

境界表示がない、あるいは、不明瞭な場合は、工事に着手してはいけない。隣地境界については施主（地権者）自身が隣地所有者と境界を確定しなければならない。従って、工事着手前に施主（地権者）から明確な境界位置の指示を受けること。隣地境界について工事業者ができることは、測量会社や土地家屋調査士を紹介すること程度であり、工事業者が境界を決めることは厳禁である（写 2-1、2）。

注）境界については、第１章ポイント２（p.10）参照

写 2-1　複雑な境界の場合は確認が必要

写 2-2　境界標が動いている場合も確認が必要

ポイント 3　境界杭が動きそうな場合は逃げ杭を設置

境界杭（標）が動く、あるいは、動く可能性のある場合は、施主（地権者）に境界杭の状態を説明し、逃げ杭設置などの必要な保全措置をとることに対して同意を得る。逃げ杭に関しては、施主および関係地権者に立会いを求めて設置し、復元に際しても同様とする。その際には、設置図および同意書、復元同意書に署名捺印を求める（図 2-1）。

［逃げ杭の設置方法］

- 境界杭から離れる距離は、できれば「整数× m」とする。
- 逃げ杭は、施主敷地内に設置する。
- 逃げ杭は、工事に支障のない場所に設置する。
- 逃げ杭は、境界杭と同じ高さに打ち込む。
- 逃げ杭の側面に距離を描き込むと分かりやすい。

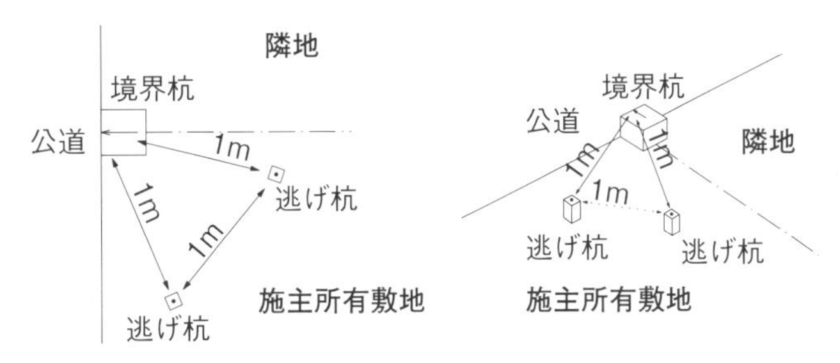

図 2-1　逃げ杭の設置

ポイント 4　余掘りの確認

隣地境界塀をつくる場合は、隣地の土を掘ることになるので、事前に余掘りの説明を隣地地権者に行う。この際も工事業者単独で説明するのではなく、主体は施主（地権者）であり、工事業者はあくまで技術的な説明を行う補助的な立場であることを認識しておく。

また、隣地境界線上にブロックを積むことは施工誤差の関係から困難となる。境界からの逃げ寸法をとる場合は、必ずその旨を施主に伝えておく（図 2-2、写 2-3）。

【用語説明】

余掘り　基礎施工時などにおいて、施工スペースの確保や基礎枠設置などで余分に掘ること。

逃げ寸法　施工部材などの寸法誤差による敷地越境を防ぐために、本来の境界線より若干内側に施工すること。

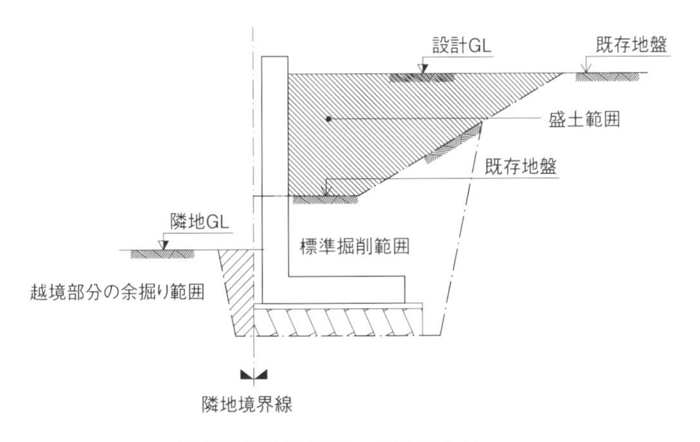

図 2-2　隣地余掘り断面

写 2-3　隣地側の余掘り部分を復旧した状態

ポイント 5　工程表の作成

工程表を作成して施主に渡しておく。追加工事や、異常気象、トラブルなどにより工程が変更になる場合は再度工程表を作成し、施主の承諾を得ておく。工事では延滞金が発生する場合があるので、追加工事を契約する場合は最後ではなく、その都度契約を行い、工期についても明記することが重要となる（図 2-3）。

○○邸新築外構工事　開始日 4/3　完了予定日 4/28　管理者　○○○○　作成日○○○年○月○日　印

工程名	開始日	完了日	1	2	3	4	5	6	7	8	9	10	11	12	13	14	15	16	17	18	19	20	21	22	23	24	25	26	27	28	29
			土	日	月	火	水	木	金	土	日	月	火	水	木	金	土	日	月	火	水	木	金	土	日	月	火	水	木	金	土
仮設工事	4/3	4/3			■																										
解体工事	4/3	4/4			■	■																									
土工事	4/5	4/8					■	■	■	■																					
塀工事	4/10	4/15										■	■	■	■	■	■														
金物工事	4/15	4/17															■		■												予備日
設備工事	4/18	4/19																		■	■										
床工事	4/20	4/24																				■	■	■		■					
植栽工事	4/26	4/27																										■	■		
清掃・完了確認	4/28	4/28																												■	

*工事工程は予定行程になります。雨天等の場合は休工になりますので、工事延期の可能性が有ります。地中埋設物等で問題が発生した場合は施主様と相談の上対処いたします。

*工事中の水道・電気は貸与下さい。車両乗り入れは駐車場コンクリート打設後５日後以降になります。植栽は植え込み後の水やりが大切ですので、水やりにご協力ください。

図 2-3　工程表の例

ポイント 6　駐車スペースの確保

工事敷地内に工事車両が停められない場合は、近隣の駐車場を借りる。最近はインターネットなどで駐車場検索ができるので、利用すると便利である。また、エクステリア工事に先立つ建築工事で駐車場を賃借しているケースが多いので、引き続き賃借する方法も有効である。

ポイント 7　道路使用許可の取得

生コン車やラフター（クレーン車）などを道路に駐車する場合は、事前に所管の警察署に行って道路使用許可を所得する。また、交通誘導員を配置して安全に配慮する。

注）第１章ポイント 16（p.25）参照

ポイント 8　掲示物や産業廃棄物保管看板の設置

工事に関する掲示物には、建設業許可票、労災保険関係成立票、建築基準法による確認表示板などがあり、それぞれサイズが法律により定められている。工事会社の名称、連絡先ほか、必要事項を記入する（図 2-4 ～ 6）。

産業廃棄物は適切に管理できる保管場所を定め、必要事項を記載した看板を設置することが廃棄物処理法によって定められている（図 2-7）。

【用語説明】

建設業許可票　建設業法第 40 条（標識の掲示）により、建設工事の現場ごとに、建設業許可に関する事項、監理技術者等の氏名、専任の有無、資格名、資格者証交付番号などを記載した標識を、公衆の見やすい場所に掲げなければならない。安全施工、災害防止などを含めた建設工事の責任の所在を明確にすることが目的である。同法施行規則第 25 条、規則別記様式第 29 号に記載内容、サイズが規定されている。

労災保険関係成立票　労働保険の保険料の徴収等に関する法律施行規則第 77 条（建設の事業の保険関係成立の標識）により、労災保険に係る保険関係が成立している事業のうち建設の事業に係る事業主が見やすい場所に掲げなければならない。様式第 4 号に記載内容やサイズなどが規定されている。

建築確認済の表示板　建築確認を受け、確認済証が交付された建築物の工事に着手する際には、建築基準法第 89 条により、建築基準法による確認済であることを工事現場の見やすい場所に表示しなけ

工事現場に掲示する標示物

建設業の許可票			
商号又は名称			
代表者の氏名			
監理 主任 技術者の氏名	専任の有無		
資格名	資格者証交付番号		
一般建設業又は特定建設業の別			
許可を受けた建設業			
許可番号	許可（　－　）第　　号		
許可年月日	平成　年　月　日		

図 2-4　建設業許可票
縦 25cm 以上　横 35cm 以上

労災保険関係成立票	
保険関係成立年月日	年　月　日
労働保険番号	
事業の期間	自　年　月　日 至　年　月　日
事業主の住所氏名	
注文者の氏名	
事業主代理人の氏名	

図 2-5　労災保険関係成立票
縦 25cm 以上　横 35cm 以上

建築基準法による確認済	
確認年月日番号	
確認済証交付者	
建築主又は築造主氏名	
設計者氏名	
工事監理者氏名	
工事施工者氏名	
工事現場管理者氏名	
建築確認に係るその他の事項	

図 2-6　建築基準法による確認表示板
縦 25cm 以上　横 35cm 以上

産業廃棄物保管場所		
廃棄物の種類		
数　量（積替及び処分の為の保管の場合）		
管理者	氏名（又は名称）	
	連絡先	
保管の高さ（屋外で容器を用いずに保管の場合）		

図 2-7　産業廃棄遺物保管場所
縦横 60cm 以上

ればならない。仕様やサイズは同法施行規則の別記様式第 68 号に定められている。

産業廃棄物保管場所標識　　廃棄物処理法第 12 条（事業者の処理）第 2 項および廃棄物処理法施行規則第 8 条（産業廃棄物保管基準）により、廃棄物の保管場所には産業廃棄物の種類や管理者の氏名または名称、連絡先を記載した掲示板の設置が義務づけられている。

注）法律は p.38 参照

水盛・遣方・墨出し

ポイント 9　正確な測定と位置の決定

水盛・遣方・墨出しともに、正確な位置に施工するために必要な工事前に行う作業である。一般的な作業手順を次に示しておく（図 2-8、写 2-4）。

①計画図に基づき縄張りを行い、工事全体の形体、位置を明示する。工作物（門・塀・アプローチなど）および庭園施設物の位置の縄張りは、後日トラブルにならないように十分注意し、施主や発注者の立ち会い、協議のうえ決定する。

②水杭は 1.8m 内外の間隔、水貫は設計 GL より 200 ～ 250mm 上に、動かないように設ける。

③遣方に使用する水杭は、垂木 4.0m のものを 3 等分に切り落とした材とし、水貫および筋違は貫材を用いる

④墨出しを行って、高さ、位置を定めた後は、くるいの生じないように十分注意する。また、TBM（仮ベンチマーク）は、電柱、側溝、マンホールなどの工事中に動かない箇所に設ける。建築工事との継

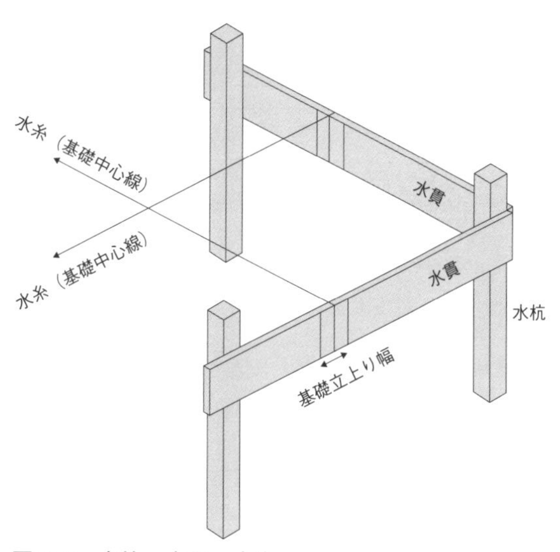

図 2-8　水杭、水貫、水糸

写 2-4　水杭、水貫、水糸の設置

続工事の場合は、建築工事の TBM を用いる。

【用語説明】

水杭　　水貫を固定するための杭。

水貫　　遣方杭に印した基準墨に小幅板の上端を合わせ、水平に順次打ちつける板材のこと。

ポイント 10　道路へのはみ出しがないか確認

エクステリア工事の遣方は道路付近に設置することが多いので、通行人に接触しないような配慮が必要となる。特に釘などが道路にはみ出していると通行人が怪我をするおそれがあるので、十分に注意する。

足場

ポイント 11　墜落防止対策

労働安全衛生規則により、高さが 2 m以上の場所で作業を行う場合は足場を設置し、囲いなどを設けなければはならない。また、作業者は労働安全衛生法により安全帯の着用が義務づけられている。6.75m（建設業は 5m）以上の高さで作業する場合は、フルハーネスタイプの安全帯の着用が必要となる（写 2-5、6）。

注）法律は p.39 参照

ポイント 12　脚立足場は特別教育が必要

脚立は単独で使用する場合や、足場の組立て作業などには該当しないが、脚立足場は労働安全衛生規則の「足場の組立て、解体または変史の作業」に該当するため、足場特別教育が必要となる。

足場特別教育の講習会は、建設業労働災害防止協会の各都道府県支部や労働技能講習協会などで実施している。最近は、インターネットを利用した Web 講習なども開催されている。

注）法律は p.40 参照

ポイント 13　脚立足場の基準・組立

足場の設置基準は労働安全衛生規則第 563 条に規定されている。脚立足場に関する注意事項は次のようになる（図 2-9）。

- 足場板は 3 点支持以上、支持点からのはね出し長さは 10cm 以上、かつ、足場板の長さの 1/18 以下、重ね長さは支点の上で 20cm 以上とする。

写 2-5　安全帯

写 2-6　フルハーネスタイプの安全帯

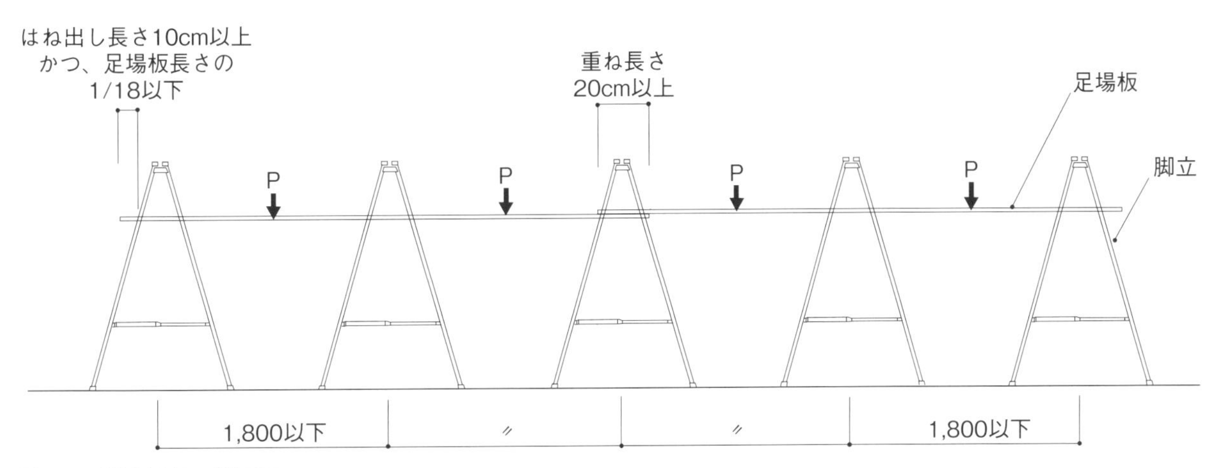

図 2-9　脚立足場の計画図

- 1 支点間に同時に 2 人以上乗ってはいけない。
- 脚立の間隔は 1.8m 以下とする。
- 作業床の高さは原則として 1.5m 以下であることが望ましい。
- 足場の組立て、解体は特別教育を受けたものが行う。
- 足場板の固定はゴムバンドまたはなまし鉄線で結束する。
- 脚と水平面との角度を 75 度以下とし、脚立の開き止めを水平にする。
- 脚立の足元にゴムキャップがついているか確認する。

　注）法律は p.39 参照

養生

ポイント 14　仮囲いの設置

外部の人（特に子供など）などが工事現場に侵入しないように仮囲いを設置する。工事規模にもよるが、エクステリア工事では一般的に、A 型バリケードや B 型バリケード、カラーコーンなどを使用する。道路側に設置する場合は、道路上ではなく敷地内に設置することが原則となる。

また、夜間暗い道路の場合は、通行人の安全確保のためにチューブライトやカラーコーン用ライトを設置する（写 2-7 ～ 10）。

写 2-7　A 型バリケード
簡易的な区画を作るときに使用する
折り畳み式バリケード

写 2-8　B 型バリケード
立ち入り制限や作業スペース確保の
仮囲いのために使用する防護フェンス

写 2-9　カラーコーン
作業区域の区分けや危険規制に使用する
簡易養生材（パイロン）

写 2-10　カラーコーン照明
夜間工事や夜間危険区域規制等に使用する

写 2-11　歩行マット
工事中の歩行者の安全通路を確保する

写 2-12　シートとコンパネ
床仕上げ後の歩行通路の確保や材料置場

写 2-13　敷き鉄板
大型車両等で地盤の沈下や出入り口の構造物の破損を防ぐために使用。重い・強度大

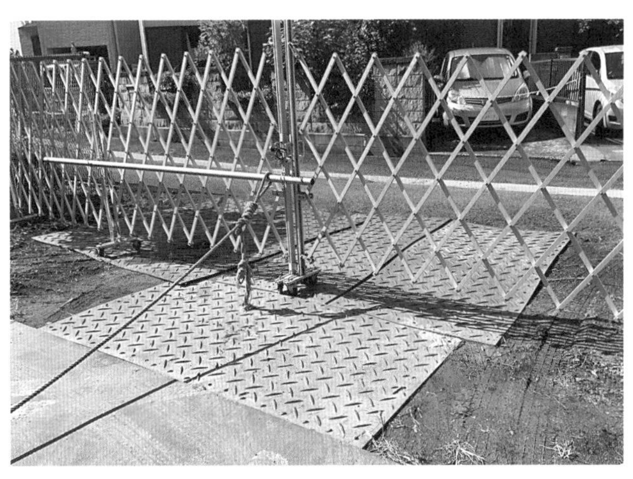

写 2-14　樹脂敷き板
敷き鉄板と同じだが、軽く強度も有り加工もできる。エクステリア工事に推奨

写 2-15　ブロック養生
土留め型枠ブロックや隣地の土が崩れないようにする簡易土留め

写 2-16　玄関ポーチの養生
タイルなどの仕上げ物を汚さないための養生シート

写 2-17　コンクリート打設時にマス蓋が汚れないように養生

写 2-18　マスカー
コンクリートや土の跳ねとび汚れを防ぐ養生材（吉野化成）

ポイント 15　床の養生

施主が入居している場合のエクステリア工事では、玄関までの通路を確保することが必要となる。養生の材料は滑りにくい歩行用マットなどを使用する。また、床コンクリートを打設した後で歩行する必要のある場合は、コンパネなどで養生を行う（写 2-11､12）。

ポイント 16　車両や重機乗入れのための養生

側溝や縁石が、工事車両や重機の出入りによって破損や沈下、不陸などを起こす可能性がある場合は、養生の必要性を検討する。また、敷地内に車両を入れる場合も鉄板や樹脂敷き板で養生する（写 2-13､14）。

ポイント 17　ブロック積みの養生

土留め型枠状ブロック積みにおいては、既存の地盤が崩れないようにコンパネなどを用いて土留め養生が必要となる（写 2-15）。

ポイント 18　玄関ポーチの養生

玄関ポーチがタイル敷きの場合は、汚れてから時間が経過すると汚れが取れなくなってしまうので、工事が始まる前に養生する。養生に使用するシートは滑らない透明なシートが適している。柄の入った紙製のシートは色移りがすることがあるので、注意が必要である（写 2-16）。

ポイント 19　設備桝の養生

コンクリートを打設する箇所では、設備桝類にコンクリートが付着しないように養生テープを張る。養生材は、マスキングテープと養生シートが一体となった商品（マスカー／吉野化成）などを使用すると効率がよい（写 2-17､18）

法律

【建設業法関係】

（標識の掲示）

建設業法第 40 条　建設業者は、その店舗及び建設工事（発注者から直接請け負つたものに限る。）の現場ごとに、公衆の見やすい場所に、国土交通省令の定めるところにより、許可を受けた別表第一の下欄の区分による建設業の名称、一般建設業又は特定建設業の別その他国土交通省令で定める事項を記載した標識を掲げなければならない。

（標識の記載事項及び様式）

建設業法施行規則第 25 条　法第 40 条の規定により建設業者が掲げる標識の記載事項は、店舗にあつては第一号から第四号までに掲げる事項、建設工事の現場にあつては第一号から第五号までに掲げる事項とする。

一　一般建設業又は特定建設業の別
二　許可年月日、許可番号及び許可を受けた建設業
三　商号又は名称
四　代表者の氏名
五　主任技術者又は監理技術者の氏名

2　法第 40 条の規定により建設業者の掲げる標識は店舗にあつては別記様式第 28 号、建設工事の現場にあつては別記様式第 29 号による。

【労働保険の保険料の徴収等に関する法律関係】

（建設の事業の保険関係成立の標識）

労働保険の保険料の徴収等に関する法律施行規則第 77 条　労災保険に係る保険関係が成立している事業のうち建設の事業に係る事業主は、労災保険関係成立票（様式第 4 号）を見やすい場所に掲げなければならない。

【建築基準法関係】

（工事現場における確認の表示等）

建築基準法第 89 条　第 6 条第 1 項の建築、大規模の修繕又は大規模の模様替の工事の施工者は、当該工事現場の見易い場所に、国土交通省令で定める様式によつて、建築主、設計者、工事施工者及び工事の現場管理者の氏名又は名称並びに当該工事に係る同項の確認があつた旨の表示をしなければならない。

2　第 6 条第 1 項の建築、大規模の修繕又は大規模の模様替の工事の施工者は、当該工事に係る設計図書を当該工事現場に備えておかなければならない。

（工事現場の確認の表示の様式）

建築基準法施行規則第 11 条　法第 89 条第 1 項（法第 87 条の 4 又は法第 88 条第 1 項若しくは第 2 項において準用する場合を含む。）の規定による工事現場における確認の表示の様式は、別記第六十八号様式による。

【廃棄物の処理及び清掃に関する法律（廃棄物処理法）関係】

（事業者の処理）

廃棄物の処理及び清掃に関する法律第 12 条　事業者は、自らその産業廃棄物（特別管理産業廃棄物を除く。第 5 項から第 7 項までを除き、以下この条において同じ。）の運搬又は処分を行う場合には、政令で定める産業廃棄物の収集、運搬及び処分に関する基準（当該基準において海洋を投入処分の場所とすることができる産業廃棄物を定めた場合における当該産業廃棄物にあつては、その投入の場所及び方法が海洋汚染等及び海上災害の防止に関する法律に基づき定められた場合におけるその投入の場所及び方法に関する基準を除く。以下「産業廃棄物処理基準」という。）に従わなければならない。

2　事業者は、その産業廃棄物が運搬されるまでの間、環境省令で定める技術上の基準（以下「産業廃棄物保管基準」という。）に従い、生活環境の保全上支障のないようにこれを保管しなければならない。

（産業廃棄物保管基準）

廃棄物の処理及び清掃に関する法律施行規則第 8 条　法第 12 条第 2 項の規定による産業廃棄物保管基準は、次のとおりとする。

一　保管は、次に掲げる要件を満たす場所で行うこと。

イ　周囲に囲い（保管する産業廃棄物の荷重が直接当該囲いにかかる構造である場合にあつては、当該荷重に対して構造耐力上安全であるものに限る。）が設けられていること。

ロ　見やすい箇所に次に掲げる要件を備えた掲示板が設けられていること。

（1）縦及び横それぞれ 60cm 以上であること。

（2）次に掲げる事項を表示したものであること。

（イ）産業廃棄物の保管の場所である旨

（ロ）保管する産業廃棄物の種類（当該産業廃棄物に石綿含有産業廃棄物、水銀使用製品産業廃棄物又は水銀含有ばいじん等が含まれる場合は、その旨を含む。）

（ハ）保管の場所の管理者の氏名又は名称及び連絡先

（ニ）屋外において産業廃棄物を容器を用いずに保管する場合にあつては、次号ロに規定する高さのうち最高のもの

【労働安全衛生法関係】

（足場および墜落防止対策）

労働安全衛生規則第 518 条（作業床の設置等）　事業者は、高さが 2 m 以上の箇所（作業床の端、開口部等を除く。）で作業を行う場合において墜落により労働者に危険を及ぼすおそれのあるときは足場を組み立てる等の方法により作業床を設けなければならない。

2　事業者は、前項の規定により作業床を設けることが困難なときは、防網を張り、労働者に安全帯を使用させる等墜落による労働者の危険を防止するための措置を講じなければならない。

同第 519 条　事業者は、高さが 2 m 以上の作業床の端、開口部等で墜落により労働者に危険を及ぼすおそれのある個所には、囲い、手すり、覆い等（以下この条において「囲い等」という。）を設けなければならない。

2　事業者は、前項の規定により囲い等を設けることが著しく困難なとき又は作業の必要上臨時に囲い等を取り外すときは、防網を張り、労働者に安全帯を使用させる等墜落による労働者の危険を防止するための措置を講じなければならない。

同第 520 条　労働者は、第 518 条第 2 項及び前条第 2 項の場合において、安全帯等の使用を命じられたときは、これを使用しなければならない。

同第 521 条（安全帯等の取付設備等） 事業者は、高さが２ｍ以上の箇所で作業を行う場合において、労働者に安全帯等を使用させるときは、安全帯等を安全に取り付けるための設備等を設けなければならない。

２ 事業者は、労働者に安全帯等を使用させるときは、安全帯等及びその取付設備等の異常の有無について、随時点検しなければならない。

（足場の特別教育訓練）

労働安全衛生規則 第 36 条（特別教育を必要とする業務）

一～三十八 略

三十九 足場の組立て、解体又は変更の作業に係る業務（地上又は堅固な床上における補助作業の業務を除く。）

（足場の組立）

労働安全衛生規則第 563 条（作業床） 事業者は、足場（一側足場を除く。第三号において同じ。）における高さ２ｍ以上の作業場所には、次に定めるところにより、作業床を設けなければならない。

一 床材は、支点間隔及び作業時の荷重に応じて計算した曲げ応力の値が、次の表の上欄に掲げる木材の種類に応じ、それぞれ同表の下欄に掲げる許容曲げ応力の値を超えないこと。

木材の種類	許容曲げ応力 （単位 ニュートン毎平方センチメートル）
あかまつ、くろまつ、からまつ、ひば、ひのき、つが、べいまつ又はべいひ	1,320
すぎ、もみ、えぞまつ、とどまつ、べいすぎ又はべいつが	1,030
かし	1,910
くり、なら、ぶな又はけやき	1,470
アピトン又はカポールをフエノール樹脂により接着した合板	1,620

二 つり足場の場合を除き、幅、床材間の隙間及び床材と建地との隙間は、次に定めるところによること。

イ 幅は、40cm 以上とすること。

ロ 床材間の隙間は、3cm 以下とすること。

ハ 床材と建地との隙間は、12cm 未満とすること。

三 墜落により労働者に危険を及ぼすおそれのある箇所には、次に掲げる足場の種類に応じて、それぞれ次に掲げる設備（丈夫な構造の設備であつて、たわみが生ずるおそれがなく、かつ、著しい損傷、変形又は腐食がないものに限る。以下「足場用墜落防止設備」という。）を設けること。

イ わく組足場（妻面に係る部分を除く。ロにおいて同じ。） 次のいずれかの設備

（１）交さ筋かい及び高さ 15cm 以上 40cm 以下の桟若しくは高さ 15cm 以上の幅木又はこれらと同等以上の機能を有する設備

（２）手すりわく

ロ わく組足場以外の足場 手すり等及び中桟等

四 腕木、布、はり、脚立きやたつその他作業床の支持物は、これにかかる荷重によつて破壊するおそれのないものを使用すること。

五 つり足場の場合を除き、床材は、転位し、又は脱落しないように二以上の支持物に取り付けること。

六 作業のため物体が落下することにより、労働者に危険を及ぼすおそれのあるときは、高さ 16cm 以上の幅木、メッシュシート若しくは防網又はこれらと同等以上の機能を有する設備（以下「幅木等」という。）を設けること。ただし、第三号の規定に基づき設けた設備が幅木等と同等以上の機能を有する場合又は作業の性質上幅木等を設けることが著しく困難な場合若しくは作業の必要上臨時に幅木等を取り外す場合において、立入区域を設定したときは、この限りでない。

（以下略）

第３章　解体工事

解体工事の内容

エクステリアにおける解体工事とは、既存の建築付属物などを取り壊して撤去する工事を指す。建築付属物を解体すること以外にも、廃材の処分や更地をきれいに整える「整地」なども解体工事の大事な工程の一つである。

建築付属物の解体工事は、狭小な場所での作業や庭木などの障害物があったりするが、建築物を解体するような大掛かりな作業がないために、すべて経験で行ってしまうことが往々にしてあるかもしれない。しかし、近年は、建設工事に係る資材の再資源化等に関する法律（建設リサイクル法）や廃棄物の処理及び清掃に関する法律（廃棄物処理法）、労働安全衛生法などにより、廃材の処分方法が厳しく規制されているため、構造や使われている建材に応じた適切な事前調査、施工、処理を行うことが必要であり、そうすることで無用なトラブルを避けることができるだろう。

資格・講習

●解体工事施工技士……建設リサイクル法に規定された解体工事業の登録および解体工事現場の施工管理に必要な技術管理者、建設業法に規定された解体工事業許可および解体工事現場の施工管理に必要な主任技術者の資格要件に該当する（建設業法施行規則第7条の3第2項の国土交通大臣登録試験、解体工事業に係る登録等に関する省令［国土交通省令］第7条第3号の国土交通大臣登録試験）全国解体工事業団体連合会が実施している。

●登録解体工事講習……次の①～③の資格者は講習を受け、修了することによって「解体工事施工技士」と同等の資格者となる。全国解体工事業団体連合会が実施している。

①平成27年度以前に土木施工管理技術検定試験（種別「土木」）に合格した者

②平成27年度以前に建築施工管理技術検定試験（種別「建築」または「躯体」）に合格した者

③技術士（建設部門または総合技術監理部門「建設」）の2次試験に合格した者

工事着手前　注）アスベスト関連の調査・届出・処理については別途記載（p.52）

ポイント 1　解体工事業登録が必要かを確認

建設リサイクル法第21条により、土木工事業、建築工事業、解体工事業の建設業許可を持たずに、家屋などの建築物、その他の土木工作物などを解体する建設工事（解体工事）を営む場合は、元請・下請の別にかかわらず、解体工事を行おうとする区域を管轄する都道府県知事の登録を受けなければならない。また、建設業法第3条、同施行令第1条の2により、請負代金が500万円以上だと解体工事業の建設業許可が必要となる（図3-1）。

建築工事の付帯工事として解体作業を行う場合などは、解体工事業登録は不要である（表3-1）。

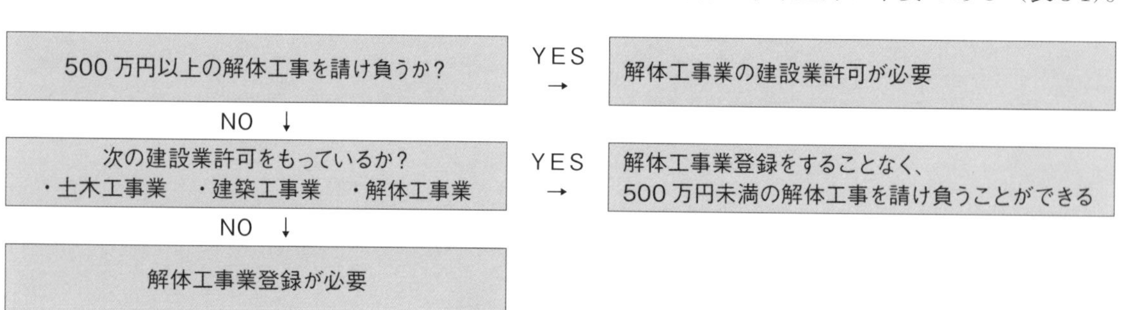

図3-1　解体工事業の建設業許可および解体工事業登録の必要性
解体工事登録は、解体工事を行おうとする区域を管轄する都道府県知事が行うため、複数の都道府県で解体工事を行う場合は、各都道府県ごとに登録を受ける必要がある

表 3-1　解体工事業登録が不要なケース

工事	種類	理由
曳家	修繕・模様替え等	建物自体を支える構造部材である基礎から上屋を引き離すが、建物を解体せずにそのままの形で移動、また、仮設によって支えられており、曳家を行っている間も建築物として働きがあるため修繕・模様替え等として扱われる
壁の取り壊し	解体	壁は建物自体を支える構造部材ではあるが、壁の床面積を割り出すことができない場合には、これをゼロとすることができる。付帯工事としての目的があれば登録は不要となる
設備工事の付帯工事として壁にスリーブを抜く工事	解体	壁は建物自体を支える構造部材ではあるが、壁の床面積を割り出すことができない場合には、床面積をゼロとすることができる。付帯工事としての目的があれば登録は不要となる
設備工事の付帯工事として床版のスリーブを抜く工事	解体	床版は建物自体を支える構造部材であり、スリーブを撤去する場合は解体工事となるが、付帯工事としての目的があれば登録は不要となる

ポイント 2　事前調査と事前措置

廃材の処分は、元請や下請で行う場合でも適正な処理をしなければならない。通常の建築物の解体工事では、建設リサイクル法や労働安全衛生法（石綿障害予防規則）、大気汚染防止法などにより、事前調査や事前措置が義務づけられているので、法令を順守しながら事前の準備を行う。建築リサイクル法の観点による事前調査、事前措置の例を表 3-2 に示す。

表 3-2　建設リサイクル法の建設リサイクルの観点での事前調査、事前措置
（建設副産物リサイクル工法推進会議「建築物の解体等に伴う有害物質等の適正な取扱い」より作成）

事前調査による確認事項	事前措置の内容
①対象建築物等の周辺の状況 ②分別解体等をするために必要な作業を行う場所 ③廃棄物その他のものの搬出経路 ④残存物品＊1 の有無 ⑤吹付け石綿その他の対象建築物等に用いられた特定建設資材に付着したもの＊2 ⑥その他対象建築物等に関する調査＊3	①作業場所および搬出経路の確保 ②残存物品＊1 の搬出の確認 ③付着物＊2 の除去 ④その他の工事着手前における特定建設資材に係る分別解体等の適正な実施を確保するための措置＊3

＊1　残存物品は、それまでの使用者（通常は解体工事の発注者）の処理責任となるので、解体工事に先立ち搬出・処理されていることを確認する
＊2　付着物等には、吹付け石綿等の有害物質がある
＊3　その他の調査、その他の措置として、付着物以外の有害物質等の事前調査・事前措置が必要

ポイント 3　500 万円以上の解体工事は、分別解体についての事前届出が必要

コンクリートなどの特定建設資材を用いた一定規模以上の解体工事の場合、工事の発注者や元請業者などは、建設リサイクル法第 10 条により、資源の分別解体と再資源化を行うための計画について、工事着手の 7 日前までに都道府県知事へ届け出ることが義務づけられている。なお、解体工事の実施には建設業許可（土木、建築、解体工事業）または解体工事業登録が必要となる。解体工事現場には標識の掲示を行う必要がある。

エクステリアにおける解体工事ではあまり該当するものは少ないかもしれないが、注意が必要である。対象となる工事を表 3-3 に示す。

表 3-3　建設リサイクル法で分別解体等の届出が義務付けられている対象工事

特定建設資材が使われいる構造物
●コンクリート ●コンクリートと鉄から成る建設資材 ●木材 ●アスファルト・コンクリート

＋

工事の種類	規模の基準
建築物以外の工作物の工事（土木工事等）	請負代金の額５００万円以上
建築物の解体工事	床面積の合計８０m^2 以上
建築物の新築・増築工事	床面積の合計５００m^2 以上
建築物の修繕・模様替等工事（リフォーム等）	請負代金の額1億円以上

ポイント 4　解体物中の有害物質の有無の確認

解体物中に有害物質がある場合は、通常の廃材処理ではなくて管理型になり、処理費用も大きく変わる。有害物質は、各種の法律により取扱いなどが規制されているので、該当する法律に順守して事前調査、事前措置、施工、廃棄物の処理をすることが必要となる。有害物質と適用される法律の関係を表3-4に示す。

表3-4　有害物質と適用される法律

有害物質	法律
アスベスト関連	労働安全衛生法、石綿障害予防規則、大気汚染防止法、廃棄物の処理及び清掃に関する法律（廃棄物処理法）
PCB関連	ポリ塩化ビフェニル廃棄物の適正な処理の推進に関する特別措置法（PCB廃棄物特別措置法）、廃棄物処理法
フロン類	特定製品に係るフロン類の回収及び破壊の実施の確保等に関する法律（フロン回収・破壊法）、特定家庭用機器再商品化法（家電リサイクル法、地球温暖化対策の推進に関する法律（地球温暖化対策法）
特定家電	家電リサイクル法、廃棄物処理法
その他	廃棄物処理法

ポイント 5　騒音などの近隣対策

解体工事では取壊しなどにともなって他の工事よりも大きな騒音が発生するが、環境基本法によって地域ごとに騒音の基準値も異なっているので、事前に調べておく必要がある（表3-5）。

その他、接道、駐車スペース、水道、ガス、電気架線への影響、道路使用許可の申請、近隣住民への説明などは、共通事項や第1章を参考にして工事に備える。

表3-5　騒音に関する環境基準値（環境基本法第16条第1項、平成24年告示54号）

地域の類型*		基準値	
		昼間（6～22時）	夜間（22～6時）
療養施設、社会福祉施設等が集合して設置される地域		50dB以下	40dB以下
専ら住居の用に供される地域		55dB以下	45dB以下
	2車線以上の車線を有する道路に面する地域	60dB以下	55dB以下
主として住居の用に供される地域		55dB以下	45dB以下
	2車線以上の車線を有する道路に面する地域	65dB以下	60dB以下
相当数の住居と併せて商業、工業等の用に供される地域		60dB以下	50dB以下
	車線を有する道路に面する地域	65dB以下	60dB以下

＊各類型を当てはめる地域は、都道府県知事（市の区域内の地域については市長）が指定する

施工

ポイント 6　工法・機械の選択

解体工事では、解体物によって様々な工法および機械を使用する（p.45、46参照）。

また、建設機械などを運転するには、講習を受ける必要があるものもあり、主な講習などを次に示しておく。

【資格・講習】

●車両系建設機械運転技能講習

機体質量3t以上の車両系建設機械（解体用）の運転作業に従事する者は、労働安全衛生法に基づく運転技能講習を修了しなければならないことが義務づけられている。労働安全衛生法施行令第20条第12号の別表7第6号で規定されている解体用機械の対象は、ブレーカ、鉄骨切断機、コンクリート圧砕機、解体用つかみ機の4種類。3t未満の機械の操作については、「小型車両系建設機械の運転の業務に係る特別教育」の修了者でも操作可能である。

主な解体工法

❶　はつり工法

コンクリートやアスファルトを砕いて撤去するほか、切る、削る、穴を開けるなどの加工作業も合わせて「はつり工事」という。専用の工具を使って人の手で作業する場合が多いが、規模によっては油圧式のアタッチメントを備えた重機を使用する場合がある（写3-1）。

❷　手壊し工法

「隣の家との距離が近い」「重機が搬送できない」など、現場の状況によっては手壊し工事が必要になるケースがある。手壊しによる解体工事は機械解体に比べて工期が長くなるため、人件費などの費用は割高になる。さらに、解体工事で出る大量の廃材の搬送も、廃材を回収するトラックが近くに停められない場合は手作業になるため、作業者の負担が大きくなる。

❸　ブレーカー工法

ブレーカー工法とは、「ノミ」と呼ばれるロッドを使って、コンクリートに打撃を与えて破砕する方法である。なお、ブレーカーには油圧式、エアー式、電動式の３種類があり、使用場所や構造物によって使い分ける（写3-2、3）。

写3-1　周囲に飛散物が少なく、省スペースで作業ができるハンドクラッシャー

写3-2　電動ブレーカーによる取壊し

写3-3　バックホウブレーカーによる取壊し

❹　樹木伐採撤去

基本的な伐採は、のこぎりやチェーンソーなどの道具を使い、人力で木を切り倒すことが多い。高木などを伐採する場合は、作業者が木に登り、上部より伐採道具を使用して切り落とすことが一般的である。特に太い枝や幹は、チェーンソーなどの機械を使って伐採する。

現場に高所作業車やクレーンなどの重機が入るスペースがある場合は、重機を使用して伐採を行うこともある。具体的には、クレーン車や高所作業車を使用して、木の上部から少しずつ切っていく。切った枝や幹をそのまま下に落とせない場合は、クレーン車で安全な場所まで移動する（写3-4、5）。

抜根は樹木の根を掘り起こす作業になる。樹木が大きい場合は、地面を掘る道具としてバックホウ（ユンボ）などの重機を使用して根を掘り起こす。

写3-4　高所作業車による伐採

写3-5　クレーン車による伐採した枝の移動

解体工事

解体工事に使用される手持ち式機械等の例

❶ ハンドブレーカー

主にコンクリートなどのはつり工事などにおいて用いられる打撃系手持ち式機械にハンドブレーカーがある。先端のロッドの打撃や振動で対象物を破壊するもので、重量によって、軽いものをコールピック（コールピックハンマー 5kg 程度）、チッパー（チッピングハンマー、10kg 程度）と呼んで区分している。軽量であれば、横向きに持って使用できるなどの特徴がある。

バックホウなどの重機が搬入できない場合に使われることが多く、動力源として油圧式、空圧式（エアー）、電動式などの種類がある。油圧式は、油圧式重機などからも油圧を取り出して使用可能な機械もある。先端の工具を付け替えることで、様々な用途に対応することができる。

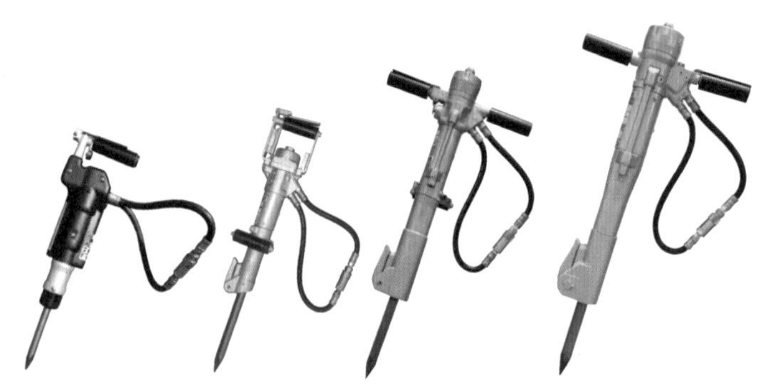

軽量タイプから重量タイプまであるハンドブレーカー
写真は「イージーコントロールモデル」（丸善工業）

手持ちで操作できる「油圧コンクリートクラッシャー」（丸善工業）

❷ コンクリートカッター

コンクリートカッターはダイヤモンドブレードをつけた切断機で、コンクリートの切断だけでなく、アスファルト舗装の切断のほか、エクステリアではブロック・ピンコロ石・レンガなどの切断作業にも小型のものが使用される。

コンクリートカッターは、小型から大型まで様々な種類があるが、水をあてて冷却しながら切断する「湿式ブレード」と、水をあてない「乾式ブレード」に大きく分けられる。湿式タイプは水タンクを搭載しているため、大型の機種が多くなる。動力源としては、混合ガソリン式、電動式、空圧式、油圧式などの種類がある。

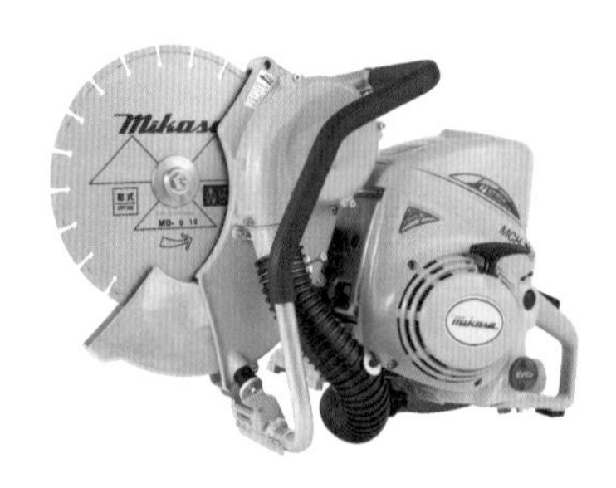

「エンジンハンドカッター」（三笠）

❸ 道路（ロード）カッター

コンクリートやアスファルトの舗装面などの切断を行う大型のコンクリートカッターで、手押しタイプ、半自走タイプがある。大きいブレードで深く切り込むことができる。湿式ブレードが主であるが、乾式ブレードを用いて浮遊切削粉を飛散させないための集塵機能を付けた「集塵式」もある。湿式タイプは、使用した水は汚水となるため、適切な処理が必要となる。主な用途としては、コンクリートやアスファルトの舗装面の切断で、配管や配線の埋設工事でも利用される。

「集塵式乾式カッター」（三笠）

❹ チェーンソー

チェーンソーは、樹木の伐採や木材の切断に使われ、前方に長く伸びるガイドバーと呼ばれる金属板の外周を、ソーチェーンと呼ばれる小さなノコ刃の付いたチェーンが高速回転する。動力にはガソリンエンジンや電動モーターがある。エンジンタイプは、チェーンの回転スピードが早くパワフルで切断能力に優れているが、大きくて重量もある。電力にはコードタイプと充電バッテリータイプがあり、軽くて騒音が比較的小さい。ただし、切断能力に関してはエンジンほどは期待できない。

エンジン式チェーンソー

免許や資格を持っていない者が建設機械の操作を行うと罰則があり、事業主には「6カ月以下の懲役、または50万円以下の罰金」、作業者には「50万円以下の罰金」がそれぞれ科せられる。

●自由研削用といし取替えまたは取替え時の試運転業務特別教育

切断といしなどの研削盤（グラインダー）を使って作業する場合、事業者は作業者に対し、特別教育の実施が義務づけられている（労働安全衛生法第59条第3項、労働安全衛生規則第36条第1号、安全衛生特別教育規程第2条）。もし、無資格で作業中に事故を起こした場合は、事業者に対して6カ月以下の懲役または50万円以下の罰金という罰則が科せられる可能性がある。

●振動工具取扱作業者安全衛生教育

厚生労働省通達「チェーンソー以外の振動工具の取扱い業務に係る振動障害予防対策指針（平成21年7月10日付基発0710第2号）」により、事業者はさく岩機などの振動工具取扱作業に就かせる労働者に対して、安全衛生教育の実施が求められている。

搬出・処理

ポイント 7　産業廃棄物を自ら運搬しない場合は、許可業者に依頼

解体工事から発生する廃棄物の排出事業者は元請業者であるため、元請業者自らが廃棄物を処分場へ運搬する場合は、産業廃棄物収集運搬業許可は不要となる。自らが運搬しない場合は原則として、廃棄物処理法による産業廃棄物収集運搬業の許可を得ている運搬業者や処分業者に依頼する。依頼に関しては以下の事項が定められている（ポイント9も参照）。

●業者とは事前にそれぞれ委託契約書を取交わす。

●委託契約書は業務が終了した日から5年間保管しなければならない。

ただし、下請業者が運搬する場合は例外規定が設けられており、次のすべてに該当する場合のみ、下請負人が事業者とみなされるので、収集運搬業許可がない下請業者でも運搬ができる（廃棄物処理法第21条の3第3項、同法施行規則第18条の2）。

①特別管理産業廃棄物でないこと（表3-7参照）。

②建築物等の解体、新築または増築を除く建設工事、建築物等の瑕疵の補修工事であって、当該工事の請負代金の額が500万円以下であるもの。

③1回で運搬する廃棄物の容量が$1m^3$以下であるもの。

④運搬先が排出場所と同一都道府県内もしくは隣接都道府県で、元請人が使用権限を有する保管場所や処理施設であること。

⑤運搬途中で積替え保管を行なわないこと。

⑥産業廃棄物の運搬を行なうことが書面による請負契約で定められていること。

⑦必要事項を記載した別紙を作成し携行すること。

【産業廃棄物の保管と運搬に関する廃棄物処理法】

●一般廃棄物収集運搬業の許可（法第7条第1項）

●産業廃棄物処理基準の遵守等（法第12条第1項）

●産業廃棄物保管基準の遵守等（法第12条第2項）

●特別管理産業廃棄物処理基準の遵守等（法第12条の2第1項）

●特別管理産業廃棄物保管基準の遵守等（法第12条の2第2項）

●産業廃棄物収集運搬業の許可（法第14条第1項）

●特別管理産業廃棄物収集運搬業の許可（法第14条の4第1項）

●改善命令（法第19条の3、同条の規定に係る罰則を含む）

【産業廃棄物と特別産業廃棄物】

産業廃棄物とは、事業活動にともなって生じたもので、廃棄物処理法第2条、廃棄物処理法施行令第2条、第2条の4により表3-6のように定められている。特別管理産業廃棄物とは「爆発性、毒性、感染性その他の人の健康または生活環境に係る被害を生ずるおそれがある性状を有する廃棄物」と規定されている（表3-7）。

表3-6　建設業に関する産業廃棄物

区分	法律
あらゆる事業活動に伴うもの	(1) 燃え殻 (2) 汚泥 (3) 廃油 (4) 廃酸 (5) 廃アルカリ (6) 廃プラスチック類 (7) ゴムくず (8) 金属くず (9) 陶磁器くず (10)) 鉱さい (11) 工作物の新築、改築または除去に伴って生じたコンクリートの破片その他これに類する不要物
建設業（工作物の新築、改築または除去に伴って生じたものに限る）	(1) 紙くず (2) 木くず (3) 繊維くず

表3-7　特別管理産業廃棄物

区分	法律
廃油	揮発油類、灯油類、軽油類で引火点70℃未満のもの
廃酸	pHが2.0以下の廃酸
廃アルカリ	pHが12.5以上の廃アルカリ
特定有害廃棄物	廃ポリ塩化ビフェニル（PCB）等、PCB汚染物（汚泥、紙くず、木くず、繊維くず、廃プラスチック類、金属くず）、陶磁器くず、工作物の新築、改築又は除去に伴つて生じたコンクリートの破片などでPCBが付着、塗布、浸み込んだもの）、PCB処理物、廃水銀等*1*2、指定下水汚泥*1、鉱さい、廃石綿等、ばいじんまたは燃え殻*2、廃油*1*2、汚泥*1*2、廃酸または廃アルカリ*2

＊1　処分するために処理したもので、環境省令に定める基準に適合しないものを含む
＊2　特定施設において生じたもの

ポイント 8　処理を委託する場合は、契約を締結

産業廃棄物を排出する排出事業者は、処理を他人に委託する際、処理を行う処理業者と事前に産業廃棄物の処理委託に関する契約（産業廃棄物処理委託契約）を締結する必要がある（廃棄物処理法第12条第5項、第6項、同法施行令第6条の2第4項、同法施行規則第8条の4、第8条の4の2）。排出事業者が契約書を締結しないで廃棄物を処理委託した場合、3年以下の懲役もしくは300万円以下の罰金またはこれを併科するとの罰則規定がある（同法第26条第1号）。

委託契約書の締結は排出事業者の義務だが、廃棄物の処理を受託する処理業者も委託契約書について十分に確認することが必要である（写3-6）。

【産業廃棄物処理委託契約書】

産業廃棄物の処理を他人に委託するとき（処理業者が、産業廃棄物の処理を受託するとき）は、契約の締結が必要となる。排出事業者は、どのような種類の廃棄物を、どの程度の量を排出し、どのような処理を委託するのかといった内容をあらかじめ明らかにし、その処理を行う処理業者と処理委託の契約を締結しなければならない。産業廃棄物処理業者は、その契約内容に従い、廃棄物の処理を行う。

契約を締結する人は、原則的には、事業者の代表者となる。しかし、工場長や現場事務所長、または現場代理人が契約締結の権限を委任されている場合は、その限りではない。

委託契約の記載内容は、法律で定められている項目と、その他の一般的な契約事項に分けることができる。法律で定められている項目が欠けていたり、記載内容が実態と異なる場合は、処理委託基準違反になるので注意が必要である。

【産業廃棄物処理委託契約の注意点】

- 二者契約である……排出事業者は、収集運搬業者、処分業者それぞれと契約を結ぶ。
- 書面で契約する……できるだけ書面で契約を交わす。口頭でも契約とされる（民法第522条）が、内容が細部にわたるため書面で行う。法定記載事項等に変更が生じた場合も書面で行う。

●必要な項目を盛り込む……廃棄物処理法施行令および施行規則に定められている（廃棄物処理法施行令第６条の２第４号、同法施行規則第８条の４の２）。

●契約書に許可証等の写しが添付されている……契約内容に該当する許可証、再生利用認定証等の写しの添付が必要である。

●５年間保存すること……排出事業者には契約終了の日から５年間保存する義務がある。

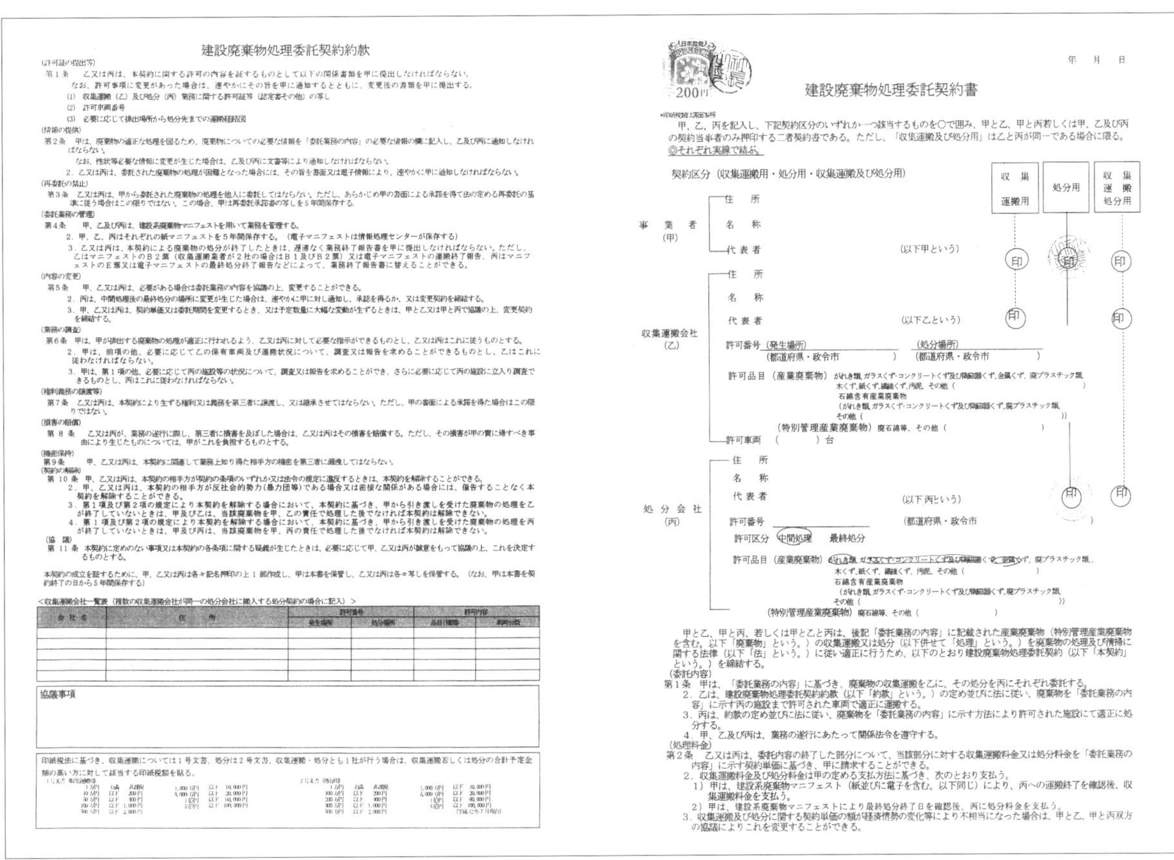

建設廃棄物処理委託契約約款

(許可証の提出等)
第１条　乙又は丙は、本契約に関する許可の内容を証するものとして以下の関係書類を甲に提出しなければならない。
なお、許可事項に変更があった場合は、速やかにその旨を甲に通知するとともに、変更後の書類を甲に提出する。
(1)　収集運搬（乙）及び処分（丙）業務に関する許可証等（認定書その他）の写し
(2)　許可車両番号
(3)　必要に応じて排出場所から処分先までの運搬経路図

(情報の提供)
第２条　甲は、廃棄物の適正な処理を図るため、廃棄物についての必要な情報を「委託業務の内容」の必要な情報の欄に記入し、乙及び丙に通知しなければならない。
なお、性状等必要な情報に変更が生じた場合は、乙及び丙に文書等により通知しなければならない。
2．乙又は丙は、委託された廃棄物の処理が困難となった場合には、その旨を書面又は電子情報により、速やかに甲に通知しなければならない。

(再委託の禁止)
第３条　乙又は丙は、甲から委託された廃棄物の処理を他人に委託してはならない。ただし、あらかじめ甲の書面による承諾を得て法の定める再委託の基準に従う場合はこの限りではない。この場合、甲は再委託承諾書の写しを５年間保存する。

(委託業務の管理)
第４条　甲、乙及び丙は、建設系廃棄物マニフェストを用いて業務を管理する。
2．甲、乙、丙はそれぞれの紙マニフェストを５年間保存する。（電子マニフェストは情報処理センターが保存する）
3．乙又は丙は、本契約による廃棄物の処分が終了したときは、遅滞なく業務終了報告書を甲に提出しなければならない。ただし、乙はマニフェストのＢ２票（収集運搬業者が２社の場合はＢ１及びＢ２票）又は電子マニフェストの運搬終了報告、丙はマニフェストのＥ票又は電子マニフェストの最終処分終了報告などによって、業務終了報告書に替えることができる。

(内容の変更)
第５条　甲、乙又は丙は、必要がある場合は委託業務の内容を協議の上、変更することができる。
2．丙は、中間処理後の最終処分の場所に変更が生じた場合は、速やかに甲に対し通知し、承認を得るか、又は変更契約を締結する。
3．甲、乙又は丙は、契約単価又は委託期間を変更するとき、又は予定数量に大幅な変動が生ずるときは、甲と乙又は甲と丙で協議の上、変更契約を締結する。

(業務の調査)
第６条　甲は、甲が排出する廃棄物の処理が適正に行われるよう、乙又は丙に対して必要な指示ができるものとし、乙又は丙はこれに従うものとする。
2．甲は、前項の他、必要に応じて乙の保有車両及び運搬状況について、調査又は報告を求めることができるものとし、乙はこれに従わなければならない。
3．甲は、第１項の他、必要に応じて丙の施設等の状況について、調査又は報告を求めることができ、さらに必要に応じて丙の施設に立入り調査できるものとし、丙はこれに従わなければならない。

(権利義務の譲渡等)
第７条　乙又は丙は、本契約により生ずる権利又は義務を第三者に譲渡し、又は継承させてはならない。ただし、甲の書面による承諾を得た場合はこの限りではない。

(損害の賠償)
第８条　乙又は丙が、業務の遂行に際し、第三者に損害を及ぼした場合は、乙又は丙はその損害を賠償する。ただし、その損害が甲の責に帰すべき事由により生じたものについては、甲がこれを負担するものとする。

(機密保持)
第９条　甲、乙又は丙は、本契約に関連して業務上知り得た相手方の機密を第三者に漏洩してはならない。

(契約の解除)
第10条　甲、乙又は丙は、本契約の相手方が契約の条項のいずれか又は法令の規定に違反するときは、本契約を解除することができる。
2．甲、乙又は丙は、本契約の相手方が反社会的勢力(暴力団等)である場合又は密接な関係がある場合には、催告することなく本契約を解除することができる。
3．第１項及び第２項の規定により本契約を解除する場合において、本契約に基づき、甲から引き渡しを受けた廃棄物の処理を乙が終了していないときは、甲及び乙は、当該廃棄物を甲、乙の責任で処理した後でなければ本契約は解除できない。
4．第１項及び第２項の規定により本契約を解除する場合において、本契約に基づき、甲から引き渡しを受けた廃棄物の処理を丙が終了していないときは、甲及び丙は、当該廃棄物を甲、丙の責任で処理した後でなければ本契約は解除できない。

(協　議)
第11条　本契約に定めのない事項又は本契約の各条項に関する疑義が生じたときは、必要に応じて甲、乙又は丙が誠意をもって協議の上、これを決定するものとする。

本契約の成立を証するために、甲、乙又は丙は各々記名押印の上１部作成し、甲は本書を保管し、乙又は丙は各々写しを保管する。（なお、甲は本書を契約終了の日から５年間保存する）

<収集運搬会社一覧表（複数の収集運搬会社が同一の処分会社に搬入する処分契約の場合に記入）>

会社名	住所	許可番号		許可内容	
		発生場所	処分場所	品目(種類)	車両台数

協議事項

印紙税法に基づき、収集運搬については１号文書、処分は２号文書、収集運搬・処分とも１社が行う場合は、収集運搬若しくは処分の合計予定金額の高い方に対して該当する印紙税額を貼る。

1号文書（収集運搬）
1万円 未満 非課税
10万円 以下 200円
50万円 以下 400円
100万円 以下 1,000円
500万円 以下 2,000円
1,000万円 以下 10,000円
5,000万円 以下 20,000円
1億円 以下 60,000円
5億円 以下 100,000円

2号文書（処分）
1万円 未満 非課税
100万円 以下 200円
200万円 以下 400円
300万円 以下 1,000円
500万円 以下 2,000円
1,000万円 以下 10,000円
5,000万円 以下 20,000円
1億円 以下 60,000円
5億円 以下 100,000円
（平成12年7月現在）

収入印紙 200円

年　月　日

建設廃棄物処理委託契約書

＊印紙税法は裏面参照
甲、乙、丙を記入し、下記契約区分のいずれか一つ該当するものを○で囲み、甲と乙、甲と丙若しくは甲、乙及び丙の契約当事者のみ押印する二者契約書である。ただし、「収集運搬及び処分用」は乙と丙が同一である場合に限る。
◎それぞれ実線で結ぶ。

契約区分（収集運搬用・処分用・収集運搬及び処分用）　　収集運搬用　処分用　収集運搬処分用

事業者（甲）
住所
名称
代表者　　（以下甲という）　印　印　印

収集運搬会社（乙）
住所
名称
代表者　　（以下乙という）　印　印
許可番号（発生場所）　（都道府県・政令市　　）　（処分場所）　（都道府県・政令市　　）
許可品目（産業廃棄物）がれき類、ガラスくず・コンクリートくず及び陶磁器くず、金属くず、廃プラスチック類、木くず、紙くず、繊維くず、汚泥、その他（　　）
石綿含有産業廃棄物
（がれき類、ガラスくず・コンクリートくず及び陶磁器くず、廃プラスチック類、その他（　　））
（特別管理産業廃棄物）廃石綿等、その他（　　）
許可車両（　　）台

処分会社（丙）
住所
名称
代表者　　（以下丙という）　印　印
許可番号　　（都道府県・政令市　　）
許可区分　中間処理　最終処分
許可品目（産業廃棄物）がれき類、ガラスくず・コンクリートくず及び陶磁器くず、金属くず、廃プラスチック類、木くず、紙くず、繊維くず、汚泥、その他（　　）
石綿含有産業廃棄物
（がれき類、ガラスくず・コンクリートくず及び陶磁器くず、廃プラスチック類、その他（　　））
（特別管理産業廃棄物）廃石綿等、その他（　　）

甲と乙、甲と丙、若しくは甲と乙と丙は、後記「委託業務の内容」に記載された産業廃棄物（特別管理産業廃棄物を含む。以下「廃棄物」という。）の収集運搬又は処分（以下併せて「処理」という。）を廃棄物の処理及び清掃に関する法律（以下「法」という。）に従い適正に行うため、以下のとおり建設廃棄物処理委託契約（以下「本契約」という。）を締結する。

(委託内容)
第１条　甲は、「委託業務の内容」に基づき、廃棄物の収集運搬を乙に、その処分を丙にそれぞれ委託する。
2．乙は、建設廃棄物処理委託契約約款（以下「約款」という。）の定め並びに法に従い、廃棄物を「委託業務の内容」に示す丙の施設まで許可された車両で適正に運搬する。
3．丙は、約款の定め並びに法に従い、廃棄物を「委託業務の内容」に示す方法により許可された施設にて適正に処分する。
4．甲、乙及び丙は、業務の遂行にあたって関係法令を遵守する。

(処理料金)
第２条　乙又は丙は、委託内容の終了した部分について、当該部分に対する収集運搬料金又は処分料金を「委託業務の内容」に示す契約単価に基づき、甲に請求することができる。
2．収集運搬料金及び処分料金は甲の定める支払方法に基づき、次のとおり支払う。
1）甲は、建設系廃棄物マニフェスト（紙並びに電子を含む。以下同じ）により、丙への運搬終了を確認後、収集運搬料金を支払う。
2）甲は、建設系廃棄物マニフェストにより最終処分終了日を確認後、丙に処分料金を支払う。
3．収集運搬及び処分に関する契約単価の額が経済情勢の変化等により不相当になった場合は、甲と乙、甲と丙双方の協議によりこれを変更することができる。

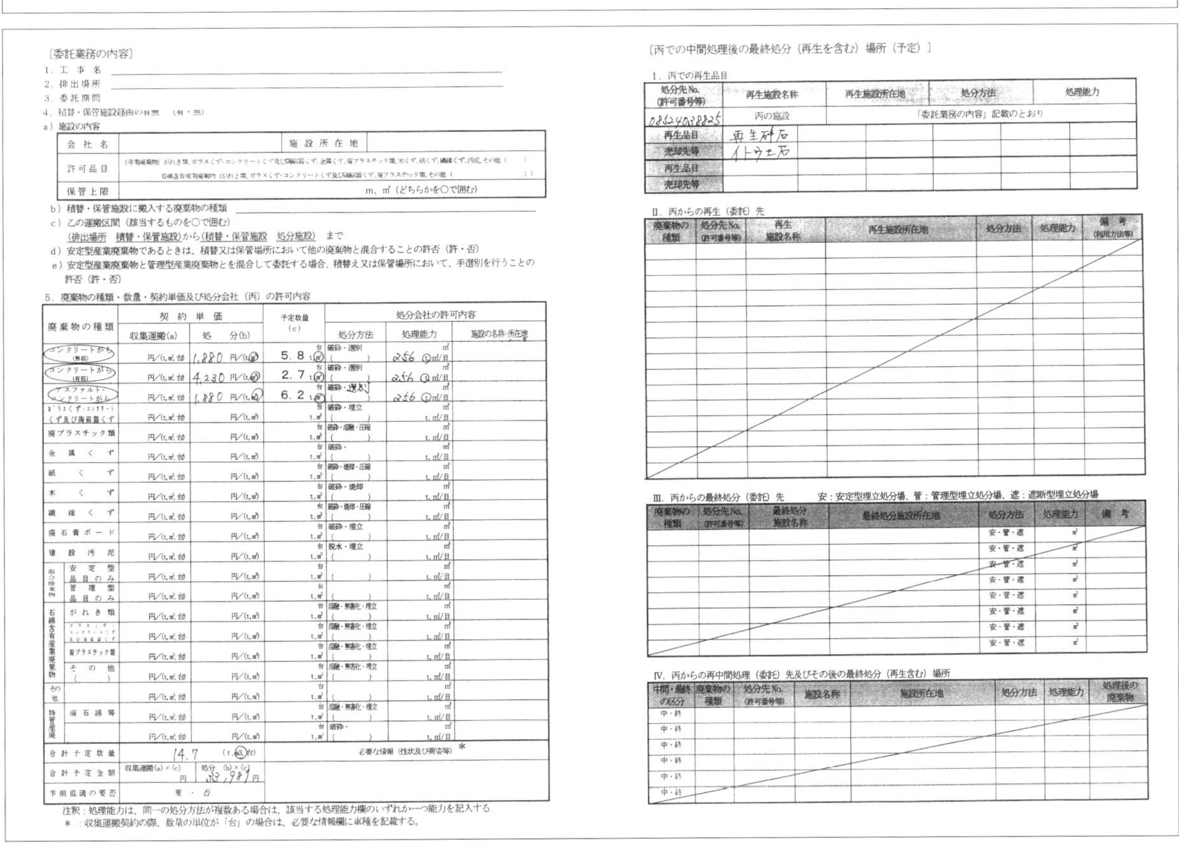

〔委託業務の内容〕
1．工事名
2．排出場所
3．委託期間
4．積替・保管施設経由の有無　（有・無）
a）施設の内容

会社名		施設所在地	
許可品目	（産業廃棄物）がれき類、ガラスくず・コンクリートくず及び陶磁器くず、金属くず、廃プラスチック類、木くず、紙くず、繊維くず、汚泥、その他（　） 石綿含有産業廃棄物（がれき類、ガラスくず・コンクリートくず及び陶磁器くず、廃プラスチック類、その他（　））		
保管上限	m、㎥（どちらかを○で囲む）		

b）積替・保管施設に搬入する廃棄物の種類
c）乙の運搬区間（該当するものを○で囲む）
（排出場所　積替・保管施設）から（積替・保管施設　処分施設）まで
d）安定型産業廃棄物であるときは、積替又は保管場所において他の廃棄物と混合することの許否（許・否）
e）安定型産業廃棄物と管理型産業廃棄物とを混合して委託する場合、積替え又は保管場所において、手選別を行うことの許否（許・否）

5．廃棄物の種類・数量・契約単価及び処分会社（丙）の許可内容

廃棄物の種類	契約単価 収集運搬(a)	契約単価 処分(b)	予定数量(c)	処分会社の許可内容 処分方法	処理能力	施設の名称・所在地
コンクリートがら(無筋)	円/(t,㎥,台)	1,880 円/(t,㎥)	5.8 台 t,㎥	破砕・選別（　）	256 ㎥ t,㎥/日	
コンクリートがら(有筋)	円/(t,㎥,台)	4,230 円/(t,㎥)	2.7 台 t,㎥	破砕・選別（　）	256 ㎥ t,㎥/日	
アスファルト・コンクリートがら	円/(t,㎥,台)	1,880 円/(t,㎥)	6.2 台 t,㎥	破砕・選別（　）	256 ㎥ t,㎥/日	
ガラスくず・コンクリートくず及び陶磁器くず	円/(t,㎥,台)	円/(t,㎥)	台 t,㎥	破砕・埋立（　）	㎥ t,㎥/日	
廃プラスチック類	円/(t,㎥,台)	円/(t,㎥)	台 t,㎥	破砕・溶融・圧縮（　）	㎥ t,㎥/日	
金属くず	円/(t,㎥,台)	円/(t,㎥)	台 t,㎥	破砕・（　）	㎥ t,㎥/日	
紙くず	円/(t,㎥,台)	円/(t,㎥)	台 t,㎥	破砕・焼却・圧縮（　）	㎥ t,㎥/日	
木くず	円/(t,㎥,台)	円/(t,㎥)	台 t,㎥	破砕・焼却（　）	㎥ t,㎥/日	
繊維くず	円/(t,㎥,台)	円/(t,㎥)	台 t,㎥	破砕・焼却・圧縮（　）	㎥ t,㎥/日	
廃石膏ボード	円/(t,㎥,台)	円/(t,㎥)	台 t,㎥	破砕・埋立（　）	㎥ t,㎥/日	
建設汚泥	円/(t,㎥,台)	円/(t,㎥)	台 t,㎥	脱水・埋立（　）	㎥ t,㎥/日	
混合廃棄物 安定型品目のみ	円/(t,㎥,台)	円/(t,㎥)	台 t,㎥	（　）	㎥ t,㎥/日	
混合廃棄物 管理型品目のみ	円/(t,㎥,台)	円/(t,㎥)	台 t,㎥	（　）	㎥ t,㎥/日	
石綿含有産業廃棄物 がれき類	円/(t,㎥,台)	円/(t,㎥)	台 t,㎥	溶融・無害化・埋立（　）	㎥ t,㎥/日	
石綿含有産業廃棄物 ガラスくず・コンクリートくず及び陶磁器くず	円/(t,㎥,台)	円/(t,㎥)	台 t,㎥	溶融・無害化・埋立（　）	㎥ t,㎥/日	
石綿含有産業廃棄物 廃プラスチック類	円/(t,㎥,台)	円/(t,㎥)	台 t,㎥	溶融・無害化・埋立（　）	㎥ t,㎥/日	
石綿含有産業廃棄物 その他（　）	円/(t,㎥,台)	円/(t,㎥)	台 t,㎥	溶融・無害化・埋立（　）	㎥ t,㎥/日	
その他	円/(t,㎥,台)	円/(t,㎥)	台 t,㎥	（　）	㎥ t,㎥/日	
特管産廃 廃石綿等	円/(t,㎥,台)	円/(t,㎥)	台 t,㎥	溶融・無害化・埋立（　）	㎥ t,㎥/日	
特管産廃	円/(t,㎥,台)	円/(t,㎥)	台 t,㎥	破砕・（　）	㎥ t,㎥/日	
合計予定数量	14.7（t,㎥,台）		必要な情報（性状及び荷姿等）*			
合計予定金額	収集運搬(a)×(c)　円	処分(b)×(c)　33,981円				
事前協議の要否	要・否					

注釈：処理能力は、同一の処分方法が複数ある場合は、該当する処理能力欄のいずれか一つ能力を記入する。
＊：収集運搬契約の際、数量の単位が「台」の場合は、必要な情報欄に車種を記載する。

〔丙での中間処理後の最終処分（再生を含む）場所（予定）〕

Ⅰ．丙での再生品目

処分先No.(許可番号等)	再生施設名称	再生施設所在地	処分方法	処理能力
08524038825	丙の施設	「委託業務の内容」記載のとおり		
再生品目	再生砕石			
売却先等	イトウ土石			
再生品目				
売却先等				

Ⅱ．丙からの再生（委託）先

廃棄物の種類	処分先No.(許可番号等)	再生施設名称	再生施設所在地	処分方法	処理能力	備考(利用方法等)

Ⅲ．丙からの最終処分（委託）先　　安：安定型埋立処分場、管：管理型埋立処分場、遮：遮断型埋立処分場

廃棄物の種類	処分先No.(許可番号等)	最終処分施設名称	最終処分施設所在地	処分方法	処理能力	備考
				安・管・遮	㎥	
				安・管・遮	㎥	
				安・管・遮	㎥	
				安・管・遮	㎥	
				安・管・遮	㎥	
				安・管・遮	㎥	
				安・管・遮	㎥	
				安・管・遮	㎥	

Ⅳ．丙からの再中間処理（委託）先及びその後の最終処分（再生含む）場所

中間・最終の区分	廃棄物の種類	処分先No.(許可番号等)	施設名称	施設所在地	処分方法	処理能力	処理後の廃棄物
中・終							
中・終							
中・終							
中・終							
中・終							
中・終							

写 3-6　用紙での契約書の記入例（都道府県で様式の違いがある）

ポイント☝9　産業廃棄物管理票の交付には「建設系廃棄物マニフェスト」を利用

建設六団体（日本建設業連合会、全国建設業協会、日本道路建設業協会、日本建設業経営協会、全国中小建設業協会、住宅生産団体連合会）が発行する「建設系廃棄物マニフェスト」は、建設業団体が推奨する唯一の建設系の「産業廃棄物管理票」であり、取扱いは建設マニフェスト販売センターのみが行っている。建設現場で利用しやすい様式で構成されており、法令に準拠したものとして環境省に届け出ている。建設現場での「産業廃棄物管理票」交付にあたっては、この建設六団体発行の「建設系廃棄物マ

表 3-8　建設系廃棄物マニフェストの各標の使用方法

票	使用方法
A 票	排出事業者の控となる
B1 票	［収集運搬業者が 1 社の場合］収集運搬業者の控となる
	［収集運搬業者が 2 社の場合］排出事業者が、委託した収集運搬業者（1）より収集運搬業者（2）へ廃棄物が運搬されたことを確認するためのもの*1
B2 票	［収集運搬業者が 1 社の場合］排出事業者が、委託した収集運搬業者により中間処理・最終処分業者へ運搬されたことを確認するためのもの
	［収集運搬業者が 2 社の場合］排出事業者が、委託した収集運搬業者（2）により中間処理・最終処分業者へ廃棄物が運搬されたことを確認するためのもの*1
C1 票	中間処理・最終処分業者の控となる
C2 票	収集運搬業者が自分の運搬した廃棄物の処分を確認するためのもの
D 票	排出事業者が委託先の処分終了を確認するためのもの*2
E 票	排出事業者がすべての最終処分（再生を含む）が終了したことを確認するためのもの*2

＊1　収集運搬業者(1)(2)は必要に応じて写しを保存する。収集運搬業者（1）は B1 票の写し、収集運搬業者（2）は B2 票の写し

＊2　排出事業者へ戻される票

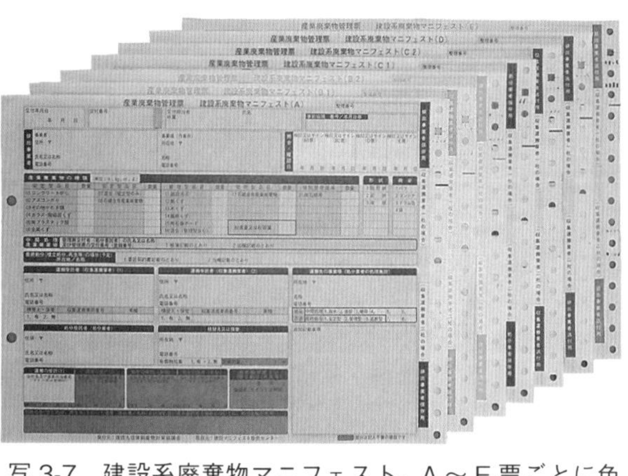

写 3-7　建設系廃棄物マニフェスト。A～E 票ごとに色分けされている

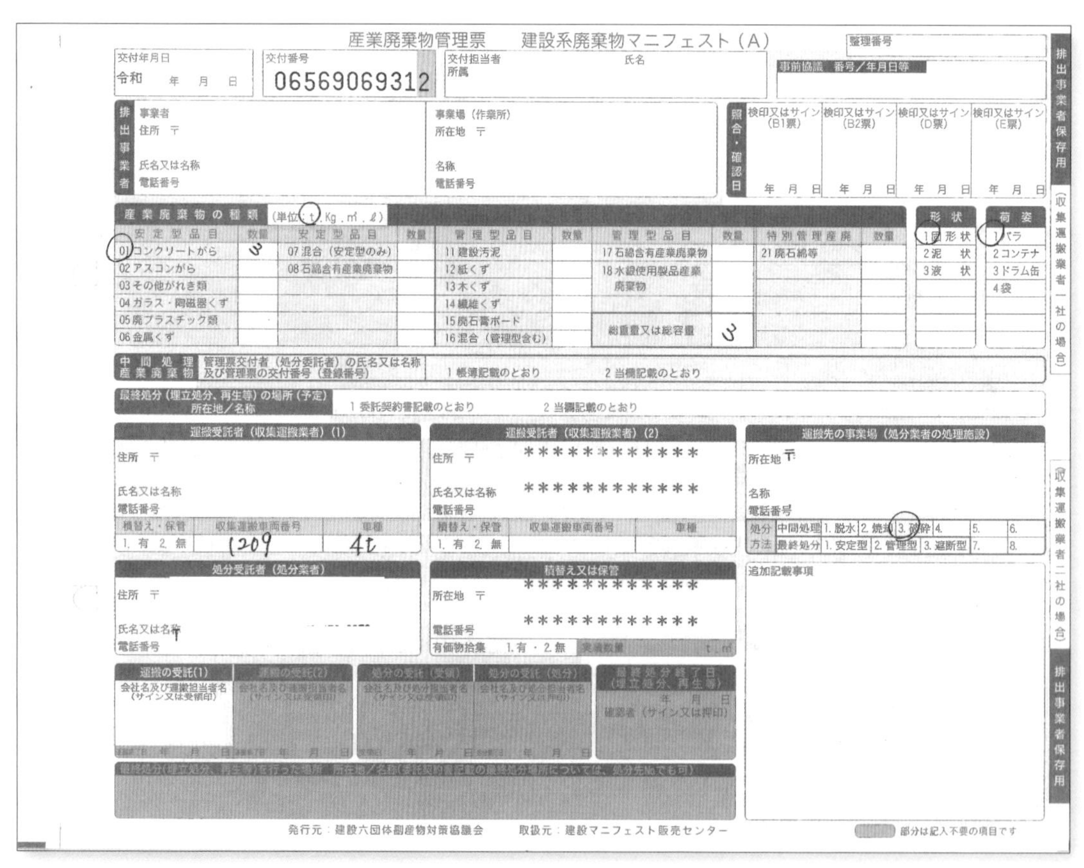

産業廃棄物管理票　建設系廃棄物マニフェスト（A）

整理番号

交付年月日　令和　年　月　日

交付番号　06569069312

交付担当者　所属　氏名

事前協議　番号／年月日等

排出事業者　事業者　住所　〒　氏名又は名称　電話番号

事業場（作業所）　所在地　〒　名称　電話番号

照合・確認日　検印又はサイン（B1票）年　月　日　検印又はサイン（B2票）年　月　日　検印又はサイン（D票）年　月　日　検印又はサイン（E票）年　月　日

産業廃棄物の種類（単位：t．Kg．㎥．ℓ）

安定型品目	数量	安定型品目	数量	管理型品目	数量	管理型品目	数量	特別管理産廃	数量
01 コンクリートがら	3	07 混合（安定型のみ）		11 建設汚泥		17 石綿含有産業廃棄物		21 廃石綿等	
02 アスコンがら		08 石綿含有産業廃棄物		12 紙くず		18 水銀使用製品産業廃棄物			
03 その他がれき類				13 木くず					
04 ガラス・陶磁器くず				14 繊維くず					
05 廃プラスチック類				15 廃石膏ボード		総重量又は総容量	3		
06 金属くず				16 混合（管理型含む）					

形状　1 固形状　2 泥状　3 液状

荷姿　1 バラ　2 コンテナ　3 ドラム缶　4 袋

中間処理産業廃棄物　管理票交付者（処分委託者）の氏名又は名称及び管理票の交付番号（登録番号）　1 帳簿記載のとおり　2 当欄記載のとおり

最終処分（埋立処分、再生等）の場所（予定）所在地／名称　1 委託契約書記載のとおり　2 当欄記載のとおり

運搬受託者（収集運搬業者）(1)　住所　〒　氏名又は名称　電話番号　積替え・保管 1. 有 2. 無　収集運搬車両番号 1209　車種 4t

運搬受託者（収集運搬業者）(2)　住所　〒　＊＊＊＊＊＊＊＊＊＊＊＊　氏名又は名称　＊＊＊＊＊＊＊＊＊＊＊＊　電話番号　積替え・保管 1. 有 2. 無　収集運搬車両番号　車種

運搬先の事業場（処分業者の処理施設）　所在地 〒　名称　電話番号

処分方法　中間処理 1. 脱水 2. 焼却 3. 破砕 4. 5. 6.　最終処分 1. 安定型 2. 管理型 3. 遮断型 7. 8.

処分受託者（処分業者）　住所　〒　氏名又は名称　電話番号

積替え又は保管　所在地　〒　＊＊＊＊＊＊＊＊＊＊＊＊　電話番号　＊＊＊＊＊＊＊＊＊＊＊＊　有価物拾集 1. 有・2. 無　実測数量　t．㎥

追加記載事項

運搬の受託(1)　会社名及び運搬担当者名（サイン又は受領印）

運搬の受託(2)　会社名及び運搬担当者名（サイン又は受領印）

処分の受託（受領）　会社名及び処分担当者名（サイン又は受領印）

処分の受託（処分）　会社名及び処分担当者名（サイン又は押印）

最終処分終了日（埋立処分、再生等）　年　月　日　確認者（サイン又は押印）

最終処分（埋立処分、再生等）を行った場所　所在地／名称（委託契約書記載の最終処分場所については、処分先Noでも可）

排出事業者保存用　（収集運搬業者一社の場合）　（収集運搬業者二社の場合）

発行元：建設六団体副産物対策協議会　取扱元：建設マニフェスト販売センター

部分は記入不要の項目です

写 3-8　建設系廃棄物マニフェスト A 票

ニフェスト」を利用する。マニフェスト用紙は、都道府県の建設業協会が100枚または500枚単位で販売を行っている（表3-8、写3-7～10）。

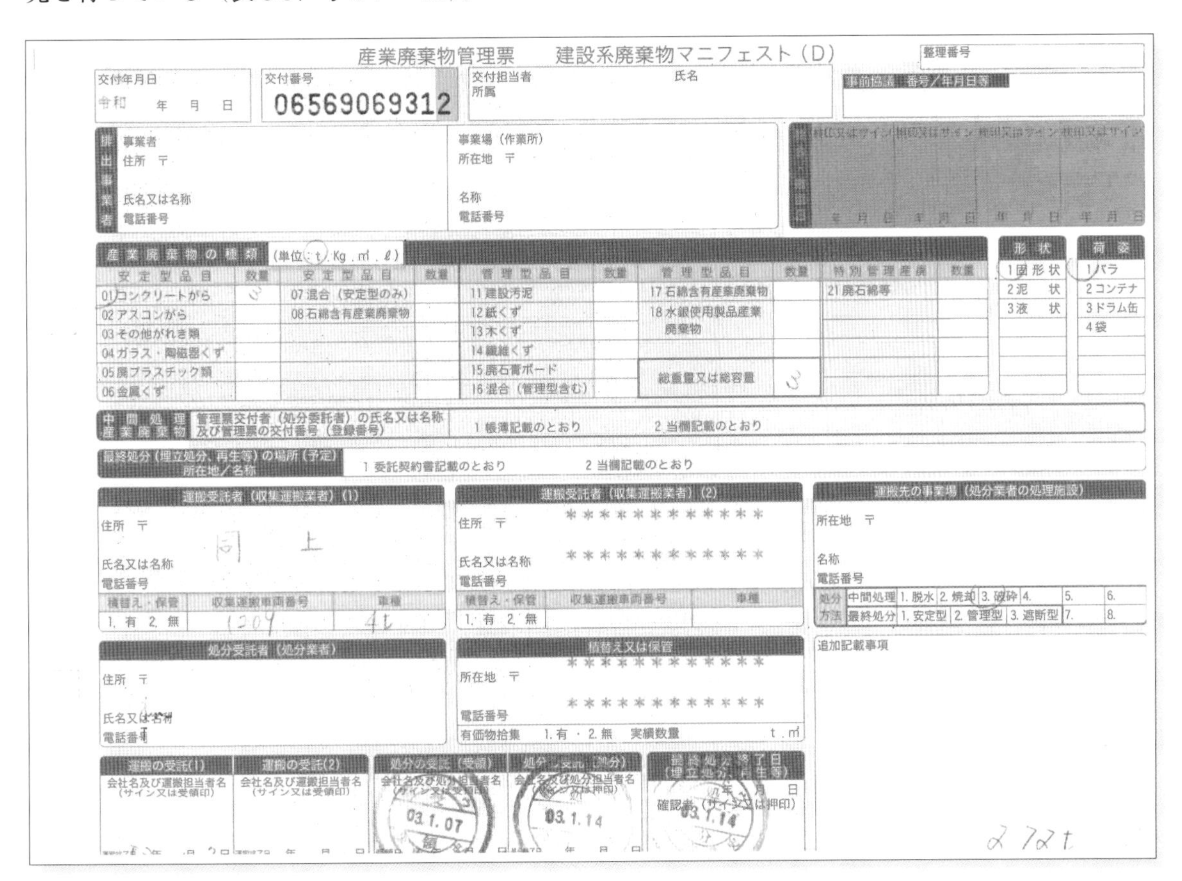

産業廃棄物管理票　建設系廃棄物マニフェスト（D）

整理番号

交付年月日　令和　年　月　日

交付番号　06569069312

交付担当者　所属　氏名

事前協議　番号／年月日等

排出事業者　事業者　住所　〒　氏名又は名称　電話番号

事業場（作業所）　所在地　〒　名称　電話番号

押印又はサイン　押印又はサイン　押印又はサイン　押印又はサイン

年　月　日　年　月　日　年　月　日　年　月　日

産業廃棄物の種類（単位：t、Kg、㎥、ℓ）

安定型品目	数量	安定型品目	数量	管理型品目	数量	管理型品目	数量	特別管理産廃	数量
01コンクリートがら	3	07混合（安定型のみ）		11建設汚泥		17石綿含有産業廃棄物		21廃石綿等	
02アスコンがら		08石綿含有産業廃棄物		12紙くず		18水銀使用製品産業廃棄物			
03その他がれき類				13木くず					
04ガラス・陶磁器くず				14繊維くず					
05廃プラスチック類				15廃石膏ボード					
06金属くず				16混合（管理型含む）		総重量又は総容量	3		

形状	荷姿
1固形状	1バラ
2泥状	2コンテナ
3液状	3ドラム缶
	4袋

中間処理産業廃棄物　管理票交付者（処分委託者）の氏名又は名称及び管理票の交付番号（登録番号）　1 帳簿記載のとおり　2 当欄記載のとおり

最終処分（埋立処分、再生等）の場所（予定）所在地／名称　1 委託契約書記載のとおり　2 当欄記載のとおり

運搬受託者（収集運搬業者）（1）　住所　〒　同上　氏名又は名称　電話番号　積替え・保管　1. 有　2. 無　収集運搬車両番号　1204　車種　4t

運搬受託者（収集運搬業者）（2）　住所　〒　＊＊＊＊＊＊＊＊＊＊＊＊　氏名又は名称　＊＊＊＊＊＊＊＊＊＊＊＊　電話番号　積替え・保管　1. 有　2. 無　収集運搬車両番号　車種

運搬先の事業場（処分業者の処理施設）　所在地　〒　名称　電話番号

処分方法	中間処理	1. 脱水	2. 焼却	3. 破砕	4.	5.	6.
	最終処分	1. 安定型	2. 管理型	3. 遮断型	7.	8.	

処分受託者（処分業者）　住所　〒　氏名又は名称　電話番号

積替え又は保管　所在地　〒　＊＊＊＊＊＊＊＊＊＊＊＊　電話番号　＊＊＊＊＊＊＊＊＊＊＊＊　有価物拾集　1. 有・2. 無　実績数量　t、㎥

追加記載事項

運搬の受託（1）　会社名及び運搬担当者名（サイン又は受領印）

運搬の受託（2）　会社名及び運搬担当者名（サイン又は受領印）

処分の受託（受領）　会社名及び処分担当者名（サイン又は押印）　03.1.07

処分の受託（処分）　会社名及び処分担当者名（サイン又は押印）　03.1.14

最終処分終了日（埋立処分、再生等）　年　月　日　確認者（サイン又は押印）　03.1.14

2.72t

写3-9　建設系廃棄物マニフェストD票

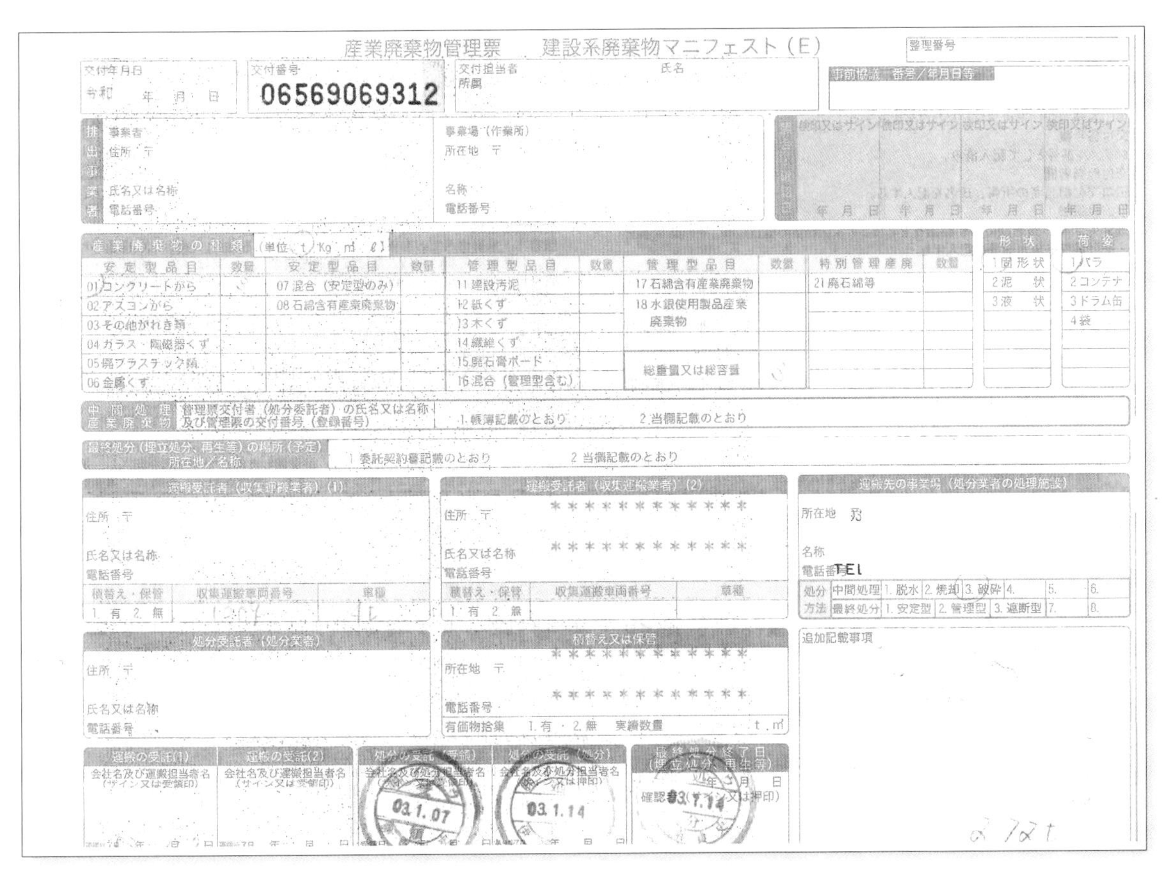

産業廃棄物管理票　建設系廃棄物マニフェスト（E）

整理番号

交付年月日　令和　年　月　日

交付番号　06569069312

交付担当者　所属　氏名

事前協議　番号／年月日等

排出事業者　事業者　住所　〒　氏名又は名称　電話番号

事業場（作業所）　所在地　〒　名称　電話番号

押印又はサイン　押印又はサイン　押印又はサイン　押印又はサイン

年　月　日　年　月　日　年　月　日　年　月　日

産業廃棄物の種類（単位：t、Kg、㎥、ℓ）

安定型品目	数量	安定型品目	数量	管理型品目	数量	管理型品目	数量	特別管理産廃	数量
01コンクリートがら		07混合（安定型のみ）		11建設汚泥		17石綿含有産業廃棄物		21廃石綿等	
02アスコンがら		08石綿含有産業廃棄物		12紙くず		18水銀使用製品産業廃棄物			
03その他がれき類				13木くず					
04ガラス・陶磁器くず				14繊維くず					
05廃プラスチック類				15廃石膏ボード					
06金属くず				16混合（管理型含む）		総重量又は総容量			

形状	荷姿
1固形状	1バラ
2泥状	2コンテナ
3液状	3ドラム缶
	4袋

中間処理産業廃棄物　管理票交付者（処分委託者）の氏名又は名称及び管理票の交付番号（登録番号）　1 帳簿記載のとおり　2 当欄記載のとおり

最終処分（埋立処分、再生等）の場所（予定）所在地／名称　1 委託契約書記載のとおり　2 当欄記載のとおり

運搬受託者（収集運搬業者）（1）　住所　〒　氏名又は名称　電話番号　積替え・保管　1. 有　2. 無　収集運搬車両番号　車種

運搬受託者（収集運搬業者）（2）　住所　〒　＊＊＊＊＊＊＊＊＊＊＊＊　氏名又は名称　＊＊＊＊＊＊＊＊＊＊＊＊　電話番号　積替え・保管　1. 有　2. 無　収集運搬車両番号　車種

運搬先の事業場（処分業者の処理施設）　所在地　〒　名称　電話番号　TEL

処分方法	中間処理	1. 脱水	2. 焼却	3. 破砕	4.	5.	6.
	最終処分	1. 安定型	2. 管理型	3. 遮断型	7.	8.	

処分受託者（処分業者）　住所　〒　氏名又は名称　電話番号

積替え又は保管　所在地　〒　＊＊＊＊＊＊＊＊＊＊＊＊　電話番号　＊＊＊＊＊＊＊＊＊＊＊＊　有価物拾集　1. 有・2. 無　実績数量　t、㎥

追加記載事項

運搬の受託（1）　会社名及び運搬担当者名（サイン又は受領印）

運搬の受託（2）　会社名及び運搬担当者名（サイン又は受領印）

処分の受託（受領）　会社名及び処分担当者名　03.1.07

処分の受託（処分）　会社名及び処分担当者名（サイン又は押印）　03.1.14

最終処分終了日（埋立処分、再生等）　年　月　日　確認者（サイン又は押印）　03.1.14

2.72t

写3-10　建設系廃棄物マニフェストE票

アスベストの調査・届出・処理

石綿（アスベスト）を含む建材などの解体工事は、大気汚染防止法、労働安全衛生法、廃棄物処理法、建築基準法、建築リサイクル法などで規定されている。本節では、最近改正された大気汚染防止法を中心にポイントをまとめる。また、アスベストの解体、処理については、条例で規制している自治体もあるので、作業を行なう場所を管轄する都道府県、市町村に確認しておく。

【関連法による規定内容】

- **大気汚染防止法**……建築物等の解体等工事における石綿の飛散を防止するため、全ての石綿含有建材へ規制を拡大し、道府県等への事前調査結果の報告の義務付け、作業基準遵守徹底のための直接罰の創設など、防止対策が最近強化された。
- **労働安全衛生法、石綿障害予防規則**……建築物の解体等の工事で生じる石綿粉じんが作業環境を著しく汚染し、労働者の健康に重大な影響を及ぼすことを防止するため、作業場内での基準等を定めている。
- **廃棄物処理法**……特定管理産業廃棄物に指定された廃石綿等について、その分別、保管、収集、運搬、処分等を適正に行うために必要な処理基準が定められている。
- **建築基準法**……建築物の大規模な増改築時には、吹付け石綿および石綿含有吹付けロックウールの除去が義務付けられた。また、石綿の飛散のおそれがある場合には、除去等の勧告・命令ができることを定めている。
- **建設リサイクル法**……他の建築廃棄物の再資源化を妨げないように、石綿含有建築材料は、原則として他の建築材料に先がけて解体等を行い、分別しておくことが定められている。

解体工事

ポイント 10 解体工事前にはアスベストの事前調査を実施

解体工事においては、建設時期、規模、用途を問わず、全ての建築物・工作物の解体やリフォーム工事を行う場合は、アスベスト含有建材の有無を事前に調査するとともに、その調査結果を発注者に説明し、調査記録は3年間保存しなくてはならない（大気汚染防止法第18条の15第1項）。

【調査者】

次の①～④に該当する有資格者。資格は､登録講習機関による講習を受講･修了すると取得できる（大気汚染防止法第18条の15第1項および第4項、同法施行規則第16条の5)。

①特定建築物石綿含有建材調査者（特定調査者）
②一般建築物石綿含有建材調査者（一般調査者）
③一戸建て等石綿含有建材調査者（一戸建て調査者、戸建て住宅や共同住宅の住戸の内部のみ事前調査を行うことができる）
④令和5年9月30日以前に日本アスベスト調査診断協会に登録され、引き続き登録されている者。

【調査方法】

設計図書等の書面調査と現地での目視調査の両方で行う。明らかにならない場合は、分析調査か石綿を使用しているものとみなすことになる（図3-2)。

【石綿（アスベスト）が使用されている 建物・部位・建材の種類】

- **石綿含有成形板等**……石綿含有成形板は建物の内外装に非常に多く使用されている。内装材は壁、天井、床、間仕切りなどに、外装材は外壁、軒天、屋根、煙突材などに使用されている。
- **石綿含有仕上げ塗材**……内外装の仕上げに使用されているが、エクステリア工事の場合は主に吹き付け施工時のリシン・スタッコ・ローラー仕上げなどに使用されている。

【事前調査結果の掲示】

事前調査の結果および特定粉じん排出等作業（石綿含有建築材料が使用されている建築物・工作物を解体すること）は、A3サイズ（42cm × 29.7cm）以上の大きさで掲示する（大気汚染防止法第18条の

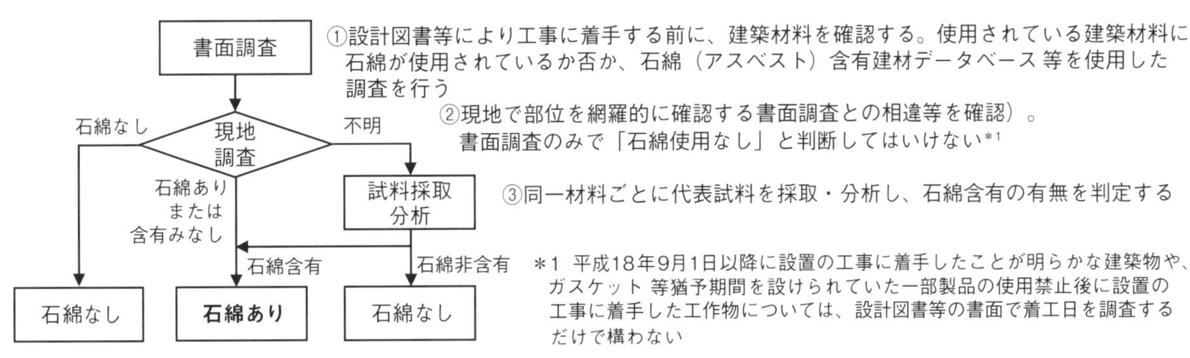

図 3-2　アスベスト事前調査フロー（環境省パンフレットより作成）

15 第 5 項、同法施行規則第 16 条の 10、第 16 状の 4 第 2 号）。掲示事項は次の通り。

[事前調査結果の掲示事項等]

●事前調査の結果（特定工事に該当するか否か、およびその根拠）

●解体等工事の元請業者等の氏名または名称、住所。法人の場合は代表者の氏名

●事前調査を終了した年月日

●事前調査の方法（書面調査・目視調査・分析による調査及び調査者等に調査を行わせたこと）と解体等工事が特定工事に該当する場合は特定建築材料の種類

●掲示板の設置場所は、公衆の見やすい場所（参考：石綿則では作業者の見やすい場所）

●掲示板の掲示日は作業の開始前（自治体によっては掲示日を定めている場合あり）

[特定粉じん排出等作業の掲示事項等]

●特定工事の発注者および元請業者等の氏名または名称、住所。法人の場合はその代表者の氏名

●届出対象特定工事に該当する場合にあっては、届出年月日及び届出先

●特定粉じん排出等作業の実施期間および方法

●特定工事の元請業者等の現場責任者の氏名、連絡場所

●掲示板の設置場所は公衆の見やすい場所（参考：石綿則では作業者の見やすい場所）

ポイント 11　解体工事前にアスベストが見つかったら、事前の届出工事対象か確認

大気汚染法および自治体条例などにより、事前に届出が必要な工事（届出対象特定工事）が定められているので確認し、適切に対応する。また、届出対象特定工事でない場合でも、作業開始前には作業計画書を作成して、発注者へ報告する（表 3-9）。

解体工事の際には、アスベストが周辺へ飛散しないように飛散防止措置を行うことが必要となる。石綿含有建築材料（アスベスト）は他の建築廃棄物の再資源化を妨げないように、原則として他の建築材料に先がけて解体等を行い、分別しておくことが定められている。

【飛散防止措置】

発じん性によって分類されるアスベスト含有建材の種類（レベル 1 ～ 3）により異なる。エクステリア工事の解体では、発じん性が比較的低いレベル 3 が該当する。破砕、切断等の作業においては発じんを伴うため、湿式作業を原則とし、発じんレベルに応じた防じんマスクを必要とする。

表 3-9　アスベスト工事届出対象特定工事（東京都の場合）

工事内容		届出様式	
		大気汚染防止法様式第 3 の 5	東京都環境確保条例第 35 号様式
吹付けアスベストの使用面積	15 m² 以上	○	○
	15 m² 未満		－
吹付けアスベスト、アスベスト含有断熱材等が使用されている建築物の延べ面積または工作物の築造面積	500 m² 以上	○	○
	500 m² 未満		－

ポイント 12　石綿含有仕上塗材などを除去するときは作業基準を順守

石綿含有仕上塗材や石綿含有成形板などを除去する場合は、法律に定められた作業基準にしたがって行なう。石綿の除去作業完了後は、作業記録および取り残しがないことを確認し、発注者へ報告する。また、記録は保存する（大気汚染防止法第 18 状の 14、同法施行規則第 16 状の 4 第 6 号、別表第 7 の 3、4)。作業基準を表 3-10 に示す。

表 3-10　石綿含有仕上塗材と石綿含有成形板等を除去する場合の作業基準

特定建築材料の種類	作業基準
石綿含有仕上塗材	除去時は（1）（2）またはこれと同等以上の効果を有する措置[*1]を講ずる。 （1）除去する特定建築材料を薬液等により湿潤化[*2]する。 （2）電気グラインダーその他の電動工具を用いて特定建築材料を除去する場合は、次に掲げる措置を講ずる。 ①特定建築材料の除去を行う部分の周辺を事前に養生する。 ②除去する特定建築材料を薬液等により湿潤化する。 （3）除去後、作業場内の特定粉じんを清掃する［（2）①の養生を行ったときは、養生を解くに当たって作業場内の清掃その他の特定粉じんの処理を行う］。
石綿含有けい酸カルシウム板第 1 種	除去時は（1）（2）またはこれと同等以上の措置[*3]を講ずる。 （1）切断・破砕等することなくそのまま建築物等から取り外す。 （2）（1）の方法で除去することが技術上著しく困難なとき、または作業の性質上適さない時は、次に掲げる措置を講ずる。 ①除去部分の周辺を事前に養生する。 ②除去する建材を薬液等により湿潤化[*4]する。 (3) 除去後、作業場内の特定粉じんを清掃すること［(2) ①の養生を行ったときは、養生を解くに当たって作業場内の清掃その他の特定粉じんの処理を行う］。
その他の石綿含有成形板等	（1）切断・破砕等することなくそのまま建築物等から取り外す。 （2）（1）の方法で除去することが技術上著しく困難なとき、または作業の性質上適さない時は、除去する建材を薬液等により湿潤化[*4]する。 （3）除去後、作業場内の特定粉じんを清掃する。

＊1　同等以上の効果を有する措置とは、負圧隔離養生（隔離、前室の設置及び集じん・排気装置の使用）

＊2　薬液等による湿潤化の薬液等には水や剥離剤を含む。湿潤化が著しく困難な場合は、所定の集じん性能を有する集じん装置を併用する

＊3　同等以上の効果を有する措置とは負圧隔離養生（隔離、前室の設置及び集じん・排気装置の使用）

＊4 薬液等による湿潤化の薬液等には水を含む。湿潤化が著しく困難な場合は、十分な集じん機能を有する局所集じん装置を使用して除去を行う

●その他の成形板等を切断・破砕等する場合も、民家が隣接している場合等 、周辺の状況に応じて養生 を行うことが望ましい

第 4 章　土工事

土工事の内容

土工事とは、建設工事における土を対象とした作業の総称であり、エクステリア工事では、根切り、鋤取り、床付け、埋戻し、盛土、排水などの工事が主となる。本書の「第５章 壁工事」「第６章 床工事」「第７章 階段工事」においても、土工事は基礎や下地の作成などに先立って行われる共通工事となる。

コンクリートブロック塀の工事を例に、根切り後の床付けから埋戻しまでの工程と、基礎工事などとの関係を写 4-1 ～ 6 に示す。

写 4-1　根切り後に床付けした状態

写 4-2　砕石転圧後の状態

写 4-3　配筋後の状態

写 4-4　基礎コンクリート打設

写 4-5　根付け型枠状ブロック積み

写 4-6　埋戻し

【用語説明】

根切り　地盤を掘削する工事。塀工事では基礎コンクリート作成の最初の作業となる。
鋤取り　地盤の表面を薄く取り除く工事。土間コンクリートの下地などで行われる。
床付け　根切り底の面を平らに整える工事。人力作業となる。
埋め戻し　根切りして掘った土を元に戻す作業。塀工事では基礎コンクリート作成後などに行う。
盛土　計画高さより地盤面が低い場合に土を盛る作業。
排水　根切りにより発生した地下水や雨水、外部から流入した水を排水処理する作業。

工事着手前

ポイント 1　敷地状況の確認

現地調査（第１章参照）に基づく現況図や屋外給排水設備図などから敷地状況を確認しておく。特に、次の項目は工事中に破損させるおそれがあるので注意する（図 4-1）。

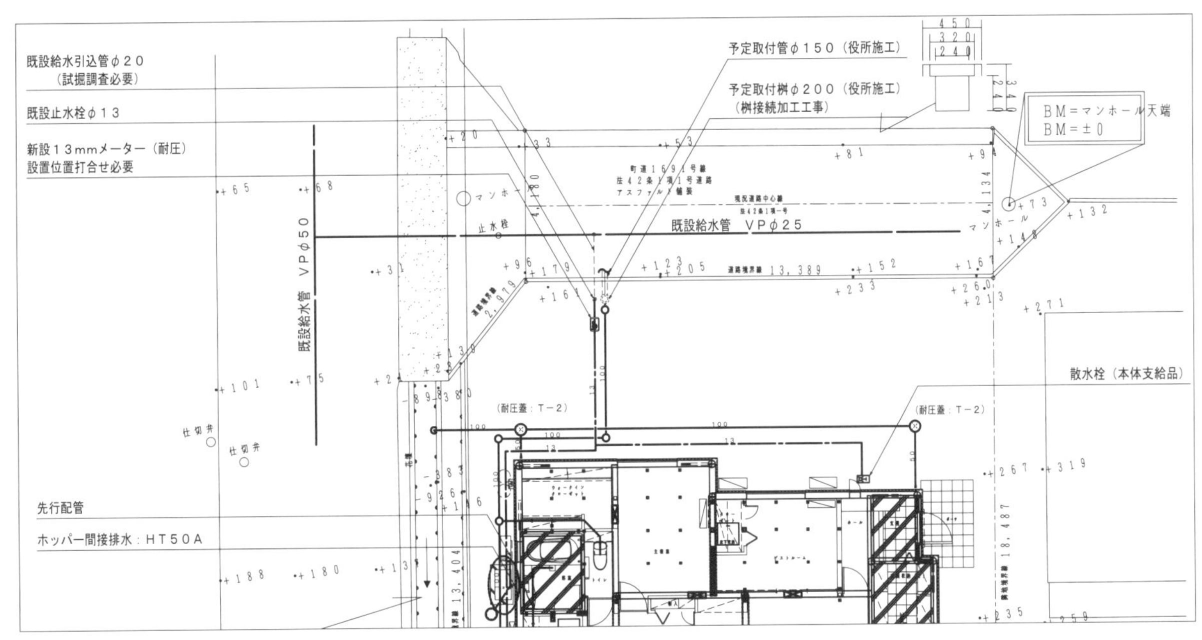

図 4-1　屋外給排水設備図。土工事着手前には図に示された既設汚水最終桝、既設雨水枡ほか、工事中に破損するおそれのある既設物などの位置を確認しておく

- 既存物については残すもの（樹木など）と撤去するものを確認する。
- 側溝や縁石の状態と位置を確認する。
- ガスや水道の供給管、汚水や雨水の配水管、浄化槽など住宅関連の設備の位置を確認する。
- 止水栓、水道メーターの位置を確認する。
- 電気の地中配線の経路を確認する。
- 上記について、状況に応じて養生を行う。

ポイント 2　道路境界付近の養生・補強の検討

道路の側溝や縁石は公共物であるので、側溝や縁石に接して工事を行う場合は十分に注意しないと、自費工事による交換工事などが発生する可能性がある。古い側溝がある現場では特に注意が必要である。

道路境界付近の工事では、必要に応じて側溝や縁石の状態を日付入りの写真で記録し、保存するようにしておく。そして、工事車両や重機の出入りによる耐荷重を確認し、破損や沈下・不陸などを引き起こす可能性がある場合は、養生の必要性を検討する（第2章仮設工事「養生」［p.35］参照）。

ポイント 3　道路使用許可、沿道掘削承認などの申請届出

道路使用許可や道路占用許可に加え、接道の近くで掘削工事を行う場合の沿道掘削施行承認、歩道の切り下げを行う場合の自費工事施行承認など、エクステリアの土工事に関係する許可・承認の届出を表4-1に示す。なお、沿道掘削施行承認が必要な沿道区域は道路管理者によっても異なるので、確認をしてから工事を行うようにする。提出期限（許可が下りるまでの期間）は接道の種類（国道、県道、市道など）などや各自治体によって異なる場合もあるので注意する。

表 4-1　エクステリアの土工事に関する主な届出（第 1 章ポイント 16［p.25］も参照）

工事条件	届出書の種類	届出先	法律
道路を一時的に使用する場合	道路使用許可申請書	道路を管轄する警察署	道路交通法第 77 条
道路を一定期間使用する場合	道路占用許可申請書	道路管理者（自治体等）	道路法第 32 条
L 型側溝や歩道の切り下げ、ガードパイプの撤去など	自費工事施行承認申請書	道路管理者（自治体等）	道路法第 24 条、第 57 条
地下水、工事用排水を下水道に放流する場合	公共下水道使用開始（変更）届	下水道局	下水道法第 11 条の 2

ポイント 4　隣地地権者の許可を得た使用

民法第209条では、一定の場合に隣地（隣の土地）を使用できる権利があることを定めている（隣地使用権）。エクステリア工事では、隣地との境界調査や測量、塀やフェンスなどの設置、植栽の剪定などの場合に、隣地の権利者の許可をもらってから隣地を使用することになる。

ただし、使用許可をもらう際は工事業者単独で説明するのではなく、施主（地権者）が主体となって許可をもらうようにし、工事業者はあくまで技術的な説明を行う補助的な立場として同行する。

【隣地使用権】

民法第209号（2023年4月改正）

1　土地の所有者は、次に掲げる目的のため必要な範囲内で、隣地を使用することができる。ただし、住家については、その居住者の承諾がなければ、立ち入ることはできない。
　①境界又はその付近における障壁、建物その他の工作物の築造、収去又は修繕
　②境界標の調査又は境界に関する測量
　③第233条第3項の規定による枝の切取り

2　前項の場合には、使用の日時、場所及び方法は、隣地の所有者及び隣地を現に使用している者（以下この条において「隣地使用者」という。）のために損害が最も少ないものを選ばなければならない。

3　第1項の規定により隣地を使用する者は、あらかじめ、その目的、日時、場所及び方法を隣地の所有者及び隣地使用者に通知しなければならない。ただし、あらかじめ通知することが困難なときは、使用を開始した後、遅滞なく、通知することをもって足りる。

4　第1項の場合において、隣地の所有者又は隣地使用者が損害を受けたときは、その償金を請求することができる。

ポイント 5　建設機械運転・運搬に必要な資格

エクステリアの土工事では建設機械（バックホウなど）による掘削を行うことが多い。バックホウの操縦には労働安全衛生法に定められた資格が必要だが、重量に応じた講習を受けることで取得できる（ただし18歳以上、表4-2）。

表4-2　車両系建設機械（整地・運搬・積込み用および掘削用）の運転業務に関する資格取得

講習	重量	備考
車両系建設機械運転技能講習	3t以上の重量を運転可能＊1	講習後の修了試験の合格で取得
小型車両系建設機械運転の業務に係る特別教育	3t未満の重量を運転可能	講習の受講で取得

＊1　技能講習修了者のほか、次の①～③も操縦できる
①1級建設機械施工技術検定（実地試験においてトラクター系建設機械操作施工法もしくはショベル系建設機械操作施工法を選択した者）
②2級建設機械施工技術検定（第1種、第2種、第3種）③職業能力開発促進法に基づく建設機械運転科の訓練修了者

写4-7　エクステリア工事では小型のバックホウを掘削、鋤取り、埋戻し、盛土作業などに使用する。作業員はバックホウの作業半径内へ立入らないようにする

ポイント 6　作業主任者を選任すべき作業

労働安全衛生法第14条により、労働災害を防止するための管理を必要とする一定の作業について、作業主任者の選任が義務づけられている。作業主任者を選任したときは、労働安全衛生規則第18条により、当該作業主任者の氏名およびその者に行わせる事項を作業場の見やすい箇所に掲示することで関係労働者に周知させなければならない。

土工事では、表4-3の作業を行う場合、「地山の掘削及び土留め支保工作業主任者」を技能講習を修了した者のうちから選任しなければならない。エクステリア工事では、作業主任者を選任するような土工事の規模はあまりないが、覚えておくとよい。

表 4-3　地山の掘削および土留め支保工作業主任者を選任すべき作業と職務

名称	選任すべき作業	職務	資格取得
地山の掘削作業主任者	掘削面の高さが 2m 以上となる地山の掘削	(労働安全衛生規則第 360 条) 一　作業の方法を決定し、作業を直接指揮すること 二　器具及び工具を点検し、不良品を取り除くこと 三　要求性能墜落制止用器具等及び保護帽の使用状況を監視すること	地山の掘削及び土止め支保工作業主任者技能講習の修了
土止め支保工作業主任者	土止め支保工の切りばりまたは腹おこしの取付け、取りはずしの作業	(労働安全衛生規則第 375 条) 一　作業の方法を決定し、作業を直接指揮すること 二　材料の欠点の有無並びに器具及び工具を点検し、不良品を取り除くこと 三　要求性能墜落制止用器具等及び保護帽の使用状況を監視すること	

根切り・鋤取り

「根切り」は深く掘削する作業用語、「鋤取(すきと)り」は地盤の表面を薄く削りとる作業用語として、それぞれ使い分けている。

【根切り工事】

根切りとは、塀や建物の基礎などを施工する際に掘削することをいうが、地中を掘ることで植物の根を切らなければならなかったのが言葉の由来であり、根伐りと表現されることもある（写 4-8）。

根切りは表 4-4 のように大きく 3 つの種類に分類できる。また、根切りに先立って作業スペースを確保するために余掘りを行う。余掘りは、施工計画の寸法よりも幅を広く掘削するが、概ね深さが 1.5 m 程度までは 0.4 ～ 0.6 m程度となる（第 2 章ポイント 4［p.31］も参照）。

深さ 1.0 m以下の根切り幅は、一般に図 4-2 のようになる（1.0 m以上は特記）。

表 4-4　根切りの種類と内容

根切りの種類	内容	主な工事
布掘り	底部の一部を帯状あるいは布状に根切ること	布基礎（塀の基礎）等
総掘り	構造物の底の部分全面を根切ること	住宅のベタ基礎等
つぼ掘り	柱などの独立基礎の部分だけを根切ること	

写 4-8　手掘りによる根切り

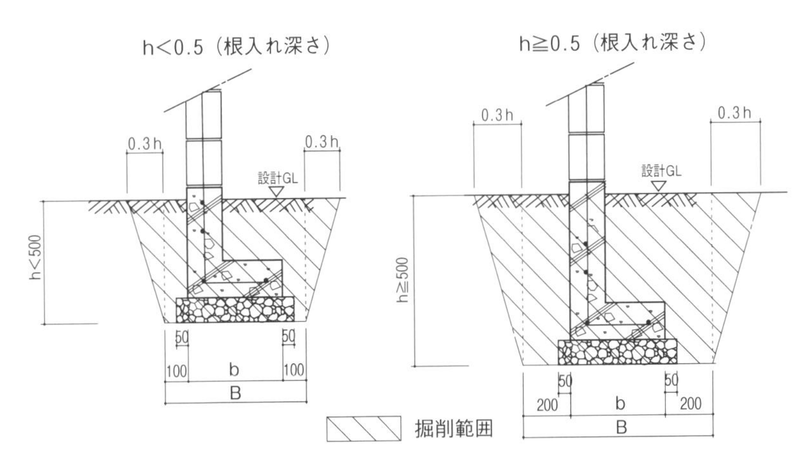

深さが 0.5 を超えない場合
B ＝ b ＋ 200
b ＝基礎幅
掘削面傾斜　0.3 h
h ＝掘削深さ

深さが 0.5 以上 1 m以下の場合
B ＝ b ＋ 400
b ＝基礎幅
掘削面傾斜　0.3 h
h ＝掘削深さ

図 4-2　根切りの掘削範囲

土工事

【鋤取り工事】

鋤取りとは、地盤の表面を薄く取り除くことをいう。例えば、駐車場の土間コンクリート仕上げを施工する際に、余分な土をバックホウなどで掘削をしていくことである（図4-3、写4-9）。

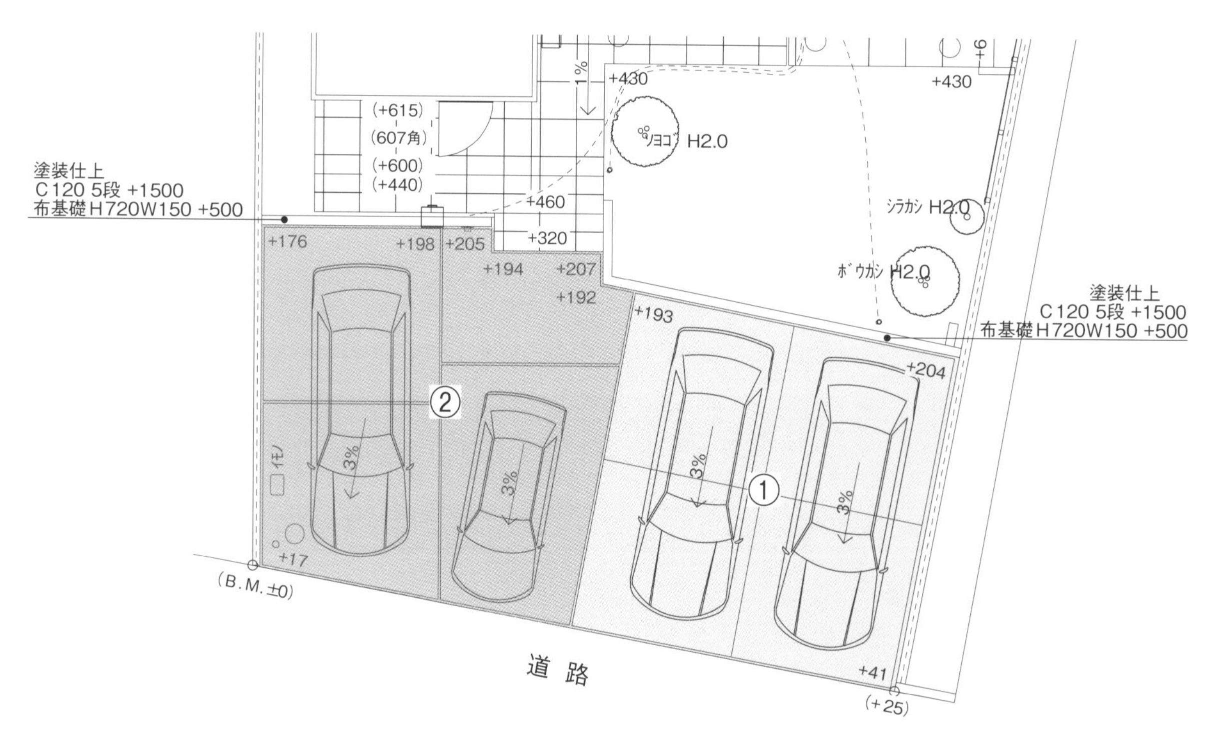

図4-3　写4-9の鋤取り範囲

写4-9　図4-3の駐車場の土間コンクリート金ゴテ仕上げの鋤取り作業風景。写真右側（図中①）はバックホーで鋤取りし、人力で床付け作業が終了したところ。左側（図中②）は砕石地業まで進んだ状況

ポイント7　掘削中における既存物の注意

根切り作業時には排水桝、排水管、給水管、ガス管、電線などが埋設されているので、「ポイント1 敷地状況の確認」に基づいて、注意しながら施工する（写4-10～13）。図面などに記載がない場合には役所などで調べておく。また誤って破損する場合も想定し、事前に連絡先を調べておく。

ポイント8　廃棄物混じり土の処理

根切り、鋤取りによって発生した土（発生土）は、廃棄物が混じっていない「建設発生土」と、廃棄物が混じっている「廃棄物混じり土」に大別される。建設発生土は廃棄物処理法に規定する廃棄物には該当しない。一方、廃棄物混じり土は、産業廃棄物に該当するがれき・木くず・紙くず・金属くずなどが混入しているので、それを取り除かなければ産業廃棄物に該当することになる。そのような場合には産業廃棄物として適切に処分する（産業廃棄物の処理は第3章を参照）。

ポイント9　水が溜まってしまったら排水工事を行う

根切りすることによって地下水が湧き出てくる現象が起こることがある。また、掘削後に雨水が侵入することもある。こうした場合は、次のような排水工事を行う（写4-14）。

掘削工事では排水桝、配水管、給水管、ガス管、電気配線等に注意

写 4-10　根切り工事で露出した排水桝（右下）と給水管（中央）

写 4-11　根切り工事で露出した水道管（上）と排水管（下）

写 4-12　鋤取り工事。中央に下水の桝が見えている。桝の下には下水管が通っているので重機で傷めないように注意する

写 4-13　鋤取り工事。中央に写っているのは水道メーターの量水器ボックス。下には給水管が通っているので重機で傷めないように注意する

写 4-14　掘削により地下水が発生し水溜りができた状況

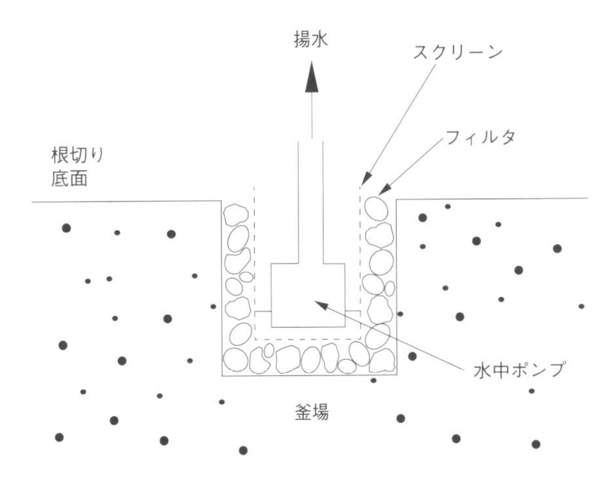

図 4-4　釜場工法

- 自然排水……根切り底より排水溝を設けて溜まっている水を排水する。
- 釜場工法による排水……掘削した根切り底より深く穴（釜場）を掘り、水中ポンプによって水を汲みだす（図 4-1）。

土工事

床付け

床付けは、根切り、鋤取りともに実施する工事で、バックホウなどによる機械掘削で荒掘りした後、砂や砂利、捨てコンクリートなどによる地業ができるように一定の深さで平らにする作業である。スコップやツルハシなどを使って人力で行うことが多いが、最近はできるだけ人力作業を減らして効率を上げるため、バックホウの通常のツメ状のバケットを平板状のものに変えて作業することもある（写 4-15 ～ 19）。

写 4-15　塀の布基礎の根切り、床付け 1。左に写っているバックホウで掘削。右に見える土は埋戻し用の土

写 4-16　塀の布基礎の根切り・床付け 2。掘削後に杭（水杭）を打ち込み、水平の高さを杭に出して平に板を取付け

写 4-17　平板状のツース盤。バックホウの通常のツメ状のバケットに取付ける
（写真提供：越後商事）

写 4-18　電動ハンマードリル
（写真提供：マキタ）

写 4-19　電動ハンマードリルの先端をスコップに変えて、掘削作業を行う（写真提供：マキタ）

ポイント 10　深く掘りすぎて床付け面を乱さない

機械掘削をする場合は、所定の深さより深く掘りすぎて地盤面を乱さないように注意して施工する。バックホウのバケット（ツメ付き）を用いた機械掘削では、床付け面より上に 50 ～ 100mm（ブロック塀基礎の場合）まで掘削し、それ以降は手掘りとするか、ツメから平板状のアタッチメントを取り付けて、底を乱さないように施工する。

寒冷期には、床付け地盤が凍結しないように養生マットなどを用いる。

ポイント 11　深く掘りすぎてしまった場合は転圧を行う

床付け面は適当に深く掘った後に土を戻して平らにならせばよいわけではない。重量がかかると沈下する原因になる。もし、深く掘りすぎたり、床付け面を乱してしまった場合は、元の地盤より強度が低下しているので、沈下の原因にならないように転圧を行う。その場合、転圧は地盤の種類が砂質土と粘性土によって対処が違う。あるいは、基礎砕石を厚くして転圧する。

注）砂質土と粘性土については第 1 章ポイント 20（p.26）参照

- 砂質土の場合……転圧や締固めによって、自然地盤と同程度の強度にする。
- 粘性土……礫・砂質土・砕石に置き換えて締め固める。

埋戻し・盛土

埋戻し工事は、基礎工事などの終了後に基礎の周囲を土などで埋め戻すことで、埋戻しの際に用いる土を「埋戻し土」または「盛土」と呼ぶ。現場で掘削により発生した土をそのまま使用することもあるが、不良土は置換して、購入した山砂などを使用することもある（写 4-20）。

地盤面が計画高さよりも低い場合は、盛土をして高さを調整する（写 4-21）。

写 4-20　基礎コンクリートの型枠を外して埋め戻した状態

写 4-21　駐車場を鋤取りした土による盛土

ポイント 12　沈下を見込んで余盛りを行う

埋戻しおよび盛土では、土質による沈下を見込んで余盛りを行う。余盛りの適切な標準値はないが、表 4-5 の地山に対する容積比などが参考になる。

表 4-5　盛土における地山に対する容積比（国土交通省大臣官房官庁営繕部『建築工事監理指針（令和元年版上巻）』より）

土質	地山に対する容積比	
	掘り緩めたとき	締め固めたとき
ローム	1.25 ～ 1.35	0.85 ～ 0.95
普通土	1.20 ～ 1.30	0.85 ～ 0.95
粘土	1.20 ～ 1.45	0.90 ～ 1.00
砂	1.10 ～ 1.20	0.95 ～ 1.00
砂混じり砂利	1.15 ～ 1.20	1.00 ～ 1.10

土質	地山に対する容積比	
	掘り緩めたとき	締め固めたとき
砂利	1.15 ～ 1.20	1.00 ～ 1.05
固結した砂利	1.25 ～ 1.45	1.10 ～ 1.30
軟岩	1.30 ～ 1.70	1.20 ～ 1.40
中硬岩	1.55 ～ 1.70	1.20 ～ 1.40
硬岩	1.70 ～ 2.00	1.30 ～ 1.50

ポイント 13　計画によって土の材料と締固め工法を選択

埋戻し土や盛土の材料と締固め工法は、施工場所の計画ごとに検討する。例えば、土間コンクリート仕上げになる場合は山砂や再生砕石が望ましく、植栽計画の場合には、黒土・赤土などがよく使用される。

埋戻し土は大きく分けてA～Dの 4 種類がある。また、埋戻し土の種別は、仕様書により指定されることもあるので、注意する（表 4-6）。

隣地への埋戻しは、原則隣地を掘削した土を保管しておき、必要な余盛りをして埋め戻す。その際に廃棄物が混入しないように注意する。

締固め工法の注意点は次の通り。

- 締固めは、透水性のよい山砂の類の場合には、水を流し込みながら締める「水締め」とし、透水性の悪い粘性土の場合は 30cm 程度ごとにランマーなどで締め固めながら埋め戻すのが望ましい。
- 機械で締め固める場合は、基礎コンクリートの強度が発現しているかの確認が必要となる。
- 凍結土を埋戻しで使用すると、凍結土が溶けた際に、沈下により地表面に凹凸が発生するので使用してはならない。

表 4-6　埋戻し土および盛土の種類（「公共建築工事標準仕様書　建築工事編」国土交通省より）

種類	材料	締固め工法	性質等
A 種	山砂の類	水締め、機械による締固め	山砂などの良質土で、水締めのきく砂質土を想定している。腐食土や粘性土の含有量が少なく、透水性が良く締固めが容易な砂質土で、埋め戻しに最も適している
B 種	根切り土の中の良土	機械による締固め	工事現場内で発生した根切り土の中で、有機物やコンクリート塊などを含まない良質土を想定している
C 種	他現場の建設発生土の中の良土	機械による締固め	
D 種	再生コンクリート砂	水締め、機械による締固め	

ポイント 14　現場外へ持ち出す場合も再利用に努める

根切りや鋤取りによって発生した土（廃棄物を含まない建設発生土）は、資源の有効な利用の促進に関する法律（資源有効利用促進法）の「指定副産物」に該当し、同法に基づき、再生資源としての利用が促進されている。主な利用は、現場内での埋戻し土や盛土などの再利用だが、現場内での再利用が困難な場合は、現場外での再利用が推奨されている。

建設発生土の現場外での再利用については、都道府県によって基本方針を定めているところもあるので確認しておく。方針が示されている場合は、それに従って適切に処分を行う。

また、エクステリア工事ではあまりないが、土砂 500m^3 以上の工事をする場合は、資源有効利用促進法により元請業者は再生資源利用促進計画（建設副産物を搬出する際の計画）および再生資源利用計画（再生資材を利用する際の計画）を作成しなければならない（同法施行令第 8 条関連）。

ポイント 15　砂質地盤で地下水位の高い場所は、事前対策を検討

地下水位の高い砂質地盤での掘削工事などでは、掘削後に地下水によるボイリング現象やパイピング現象が起こる場合もある。対策としては、現地調査の段階で地盤の状態や土質を調べ、工事前に薬液注入などによる地盤改良や、土留めの根入れを深くするなどの補強を行う。

【用語説明】

ボイリング現象　　地下水位よりも深く地盤を掘削したときに、山留め壁の下から潜るように周囲の地下水が流れ込み、沸騰したかのようにポコポコと湧きだし、掘削底面が乱される現象（図 4-5）。

パイピング現象　　掘削後の山留め壁裏に空洞が生じると、そこへ地下水が透水によって土砂とともに流れ込んで空洞が進展していき、パイプ状の水みちができる現象（図 4-6）。

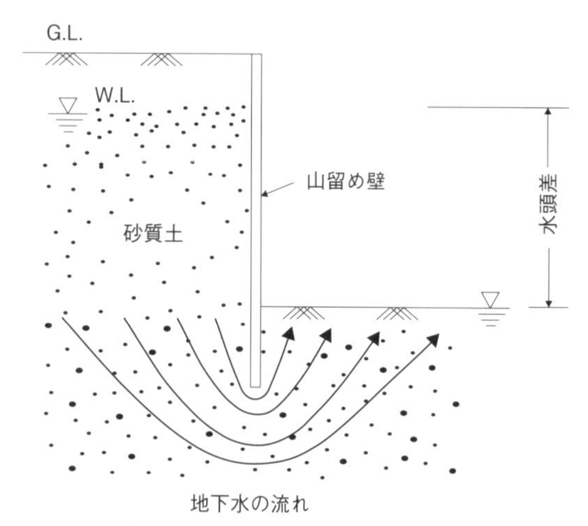

図 4-5　ボイリング

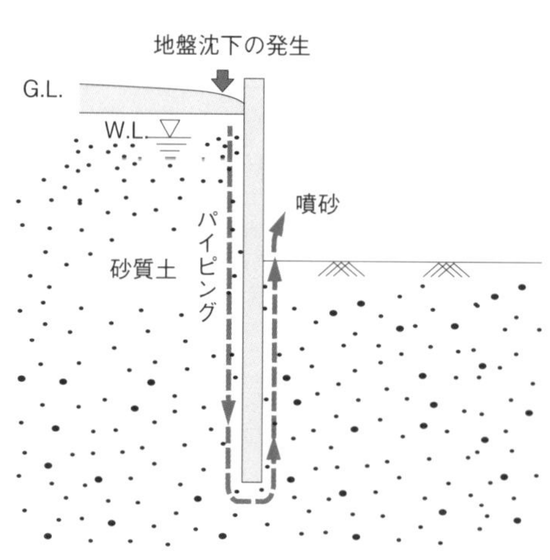

図 4-6　パイピング

第５章　塀工事

塀工事の内容

エクステリアには木製の塀もあるが、本章では鉄筋による補強が必要な高さ1.2mを超える補強コンクリートブロック塀と、代表的な仕上げ方法としてタイル張りと左官仕上げを取り上げる。これらの塀は構造体なので、地震などで倒壊しないように、建築基準法や日本建築学会の規準を守って安全性を確保しなければならない。

なお、化粧コンリートブロック塀やフェンス塀、各種仕上げの製品がエクステリアメーカーから販売されているが、そのような製品は取扱説明書などに従って施工することが安全確保と品質確保のうえで重要である。また、地域性のある材料やブロックを使用する場合は、製造メーカーの施工規準に準じる（写5-1）。

写5-1　沖縄などでは、デザイン性や風通しを考慮したブロック積みやブロックに彫刻を施した施工も見られる

塀工事

資格・講習

塀工事に関する技能を認定する国家資格として、ブロック建築技能士、タイル張り技能士、左官技能士がある。いずれも職業能力開発法に基づく厚生労働省認定の資格であり、学科試験と実技試験に合格する必要がある。

その他、既存ブロック塀の診断では、安全性を確認するブロック診断士（日本エクステリア建設業協会）、耐震改修促進法により避難路等で義務づけられた既存ブロック塀の耐震診断に必要となる講習がある（表5-1、写5-2）。

技能の向上として、青年技能者を対象とした技能五輪、技能日本一を競う技能グランプリ、ブロック関連団体などによる技能競技大会も行われている（写5-3）。

表5-1　塀工事関連の資格・講習

資格・講習	認定機関（法律等）	内容
ブロック建築技能士（1級、2級、3級）	厚生労働省 （職業能力開発促進法）	検定試験に合格した知識と技能を有する技能士
タイル張り技能士（1級、2級）		
左官技能士（1級、2級、3級）		
ブロック塀診断士	日本エクステリア建設業協会	既設のブロック塀などの性能評価を行う者の資格
既存ブロック塀等の耐震診断に関する講習	耐震改修促進法	耐震診断が義務づけられた避難路沿道の一定規模以上のブロック塀等の診断を行うために必要な講習。講習を修了した建築士やブロック塀診断士が診断を行える

写 5-2　ブロック関連団体ではブロック建築技能士検定試験に向けた講習を実施している。学科講習（中）と実技講習（右）

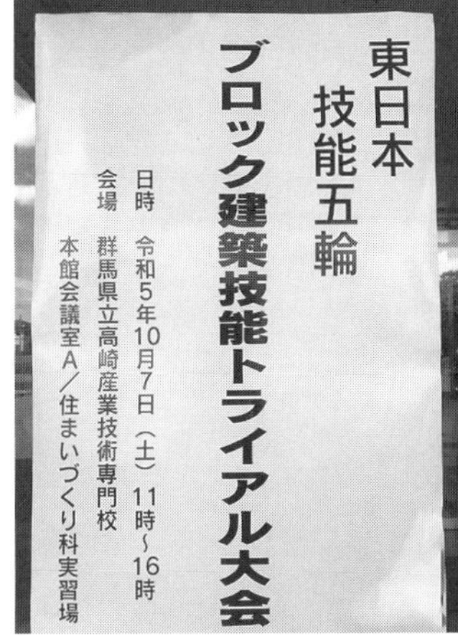

写 5-3　2023 年度よりブロック関連団体の共催により、ブロック建築技能士の大会が開催され、技能向上を図っている

工事着手前（土工事に関しては第 4 章を参照）

ポイント 1　建築確認申請の届出

建築物に付属する門・塀を新築・増築・改築・移転する時は、原則として建築確認申請が必要となる（建築基準法第 6 条第 1 項）。また、防火・準防火地域での高さ 2m 超の塀は、延焼ライン内にある部分を不燃材料でつくるか、または覆う必要がある（建築基準法第 61 条）。申請の内容などは、事前に確認検査機関などに相談して確認しておく。

ポイント 2　敷地境界の確認

塀は、隣地や道路との境界線に沿って設けられることが多く、その設置位置が越境しないようにしなければならないことから、敷地境界杭の確認が重要になる。境界杭がないような場合は、境界杭を明確にするまで工事を始めることができない。また、基礎の施工時は、掘削によって埋設物との干渉も発生するので、事前に埋設物の有無を確認することも重要になる。さらに、基礎を設ける土壌の地盤耐力を確認し、地盤耐力に不安がある場合には、土壌の改良も検討する。

境界確認や埋設物の有無などについては第 1 章参照。

ポイント 3　基礎形状の確認

建物の配置は一般的に、敷地内の東西および北側によって配置されることが多く、塀は隣地と余裕のない場所に基礎を施工することになる。さらに、こうした場所は、建物の水まわりとも関連しており、雨水や雑排水の配管、給水管やガス管などが埋設されている。従って、塀の基礎工事では、埋設管の障害にならない基礎形状にすることや、余裕のない基礎形状におけるコンクリート内の鉄筋のかぶり厚や定着に配慮する必要がある（図 5-1、図 5-2）。

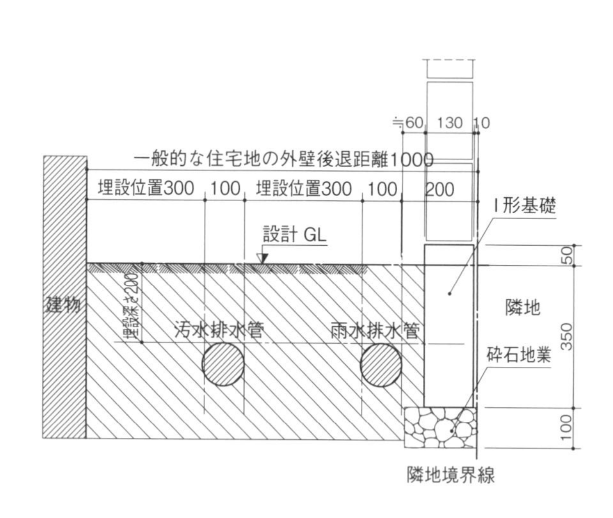

図 5-1　一般的な住宅地での配水管平行敷設例
囲いの基礎は I 形となるが、埋設管に注意して施工する。
I 形基礎はブロック積み 4 段を限界とする
I 形基礎の根入れは 350mm 以上とする

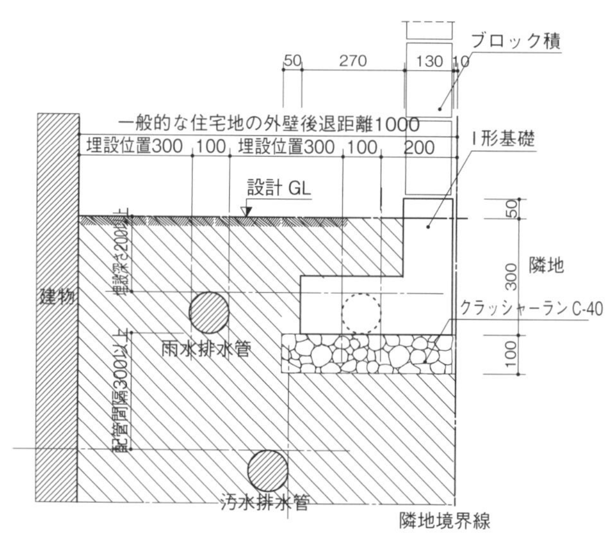

図 5-2　一般的な住宅地での配水管上下敷設例
埋設管が上下敷設であれば L 形基礎の計画も可能。
埋設管の上下敷設や 1.3m 以上の外壁後退線が
確保されていれば L 形基礎の施工も可能になる

基礎工事

ポイント 4　地業や基礎スラブの越境に注意

塀の工事は道路境界や隣地境界などの境界周辺で行うことが多いが、縦壁、基礎、笠木を含めて、塀はいかなる場合においても越境しないようにしなければならない。基礎部分は完成後には土の中にあるため、越境について分かりにくくなるので、次のような対策を工事中に講じる（図 5-3、写 5-4 ～ 6）。

- 基礎の地業やコンクリート打設が越境しないように、基礎止め枠（堰板）を設ける。
- 堰板は湾曲しないように、材料の強度を確認して用いる。

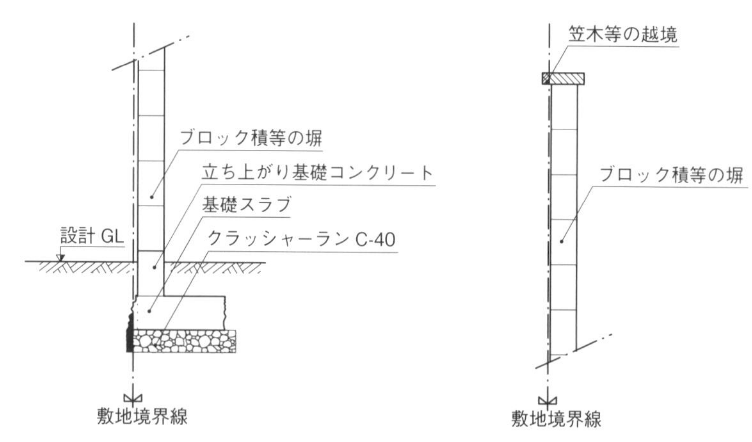

図 5-3　基礎スラブや笠木の越境
基礎スラブのコンクリート打込み時に堰板を用いないと、地業や基礎スラブが越境することがある（左）。また、塀は越境していないが、境界から余裕をもって後退しておかないと笠木などが越境することがある（右）

写 5-4　基礎コンクリートが隣地に越境している例

写 5-5　堰板を使用した施工

写 5-6　型枠状ハンチブロックを用いることで、隣地側堰板を使用しなくても越境しない

補強コンクリートブロック積み

空洞ブロック（化粧ブロックも同様）積みの塀に関しては、建築基準法や日本建築学会の規準などがあり、これらを守って施工することが安全な塀を実現するための基本といえる。

【法令等】

建築基準法では、組積造（鉄筋で補強されないコンクリートブロック塀など）および補強コンクリートブロック造等の塀の基準を定めている（図 5-4）。日本建築学会でも『建築工事標準仕様書・同解説（JASS）7　メーソンリー工事』『壁式構造関係設計規準集・同解説（メーソンリー編）』の中で補強コンクリートブロック塀についてより詳細に規定している。また、自治体により独自の指導がある場合がある。さらに、国土交通省は大阪北部地震（2018 年）の後、施工者、製造業者、販売業者、設計者に対して「ブロック塀等の安全性確保に向けた行動指針」を示した。

こうした法律や規準などを遵守して安全な補強コンクリートブロック塀を計画・施工する（図 5-4）。

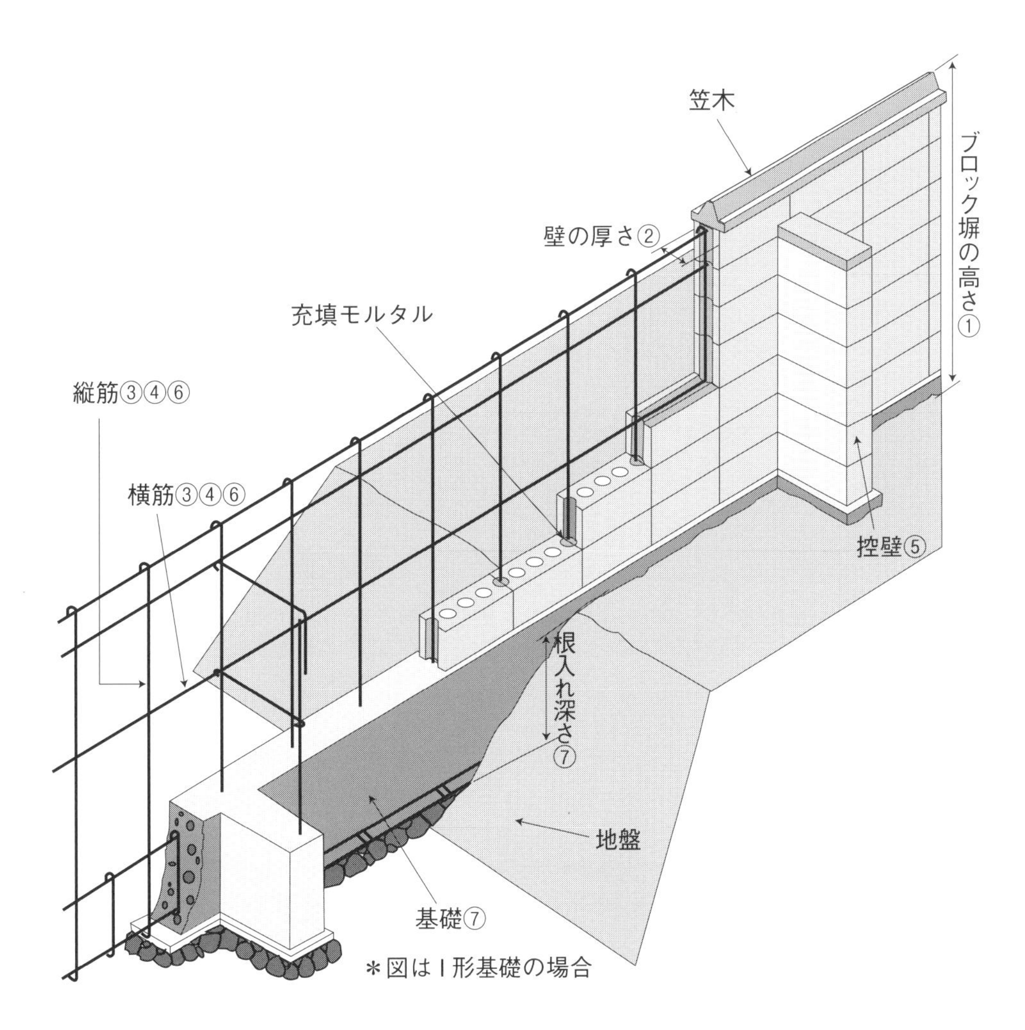

①塀の高さ：2.2m 以下
②壁の厚さ：15cm（高さ 2m 以下の塀にあつては、10cm）以上
③鉄筋：鉄筋壁頂及び基礎には横に、壁の端部及び隅角部には縦に、それぞれ径 9mm 以上の鉄筋を配置
④鉄筋間隔：壁内には、径 9mm 以上の鉄筋を縦横に 80cm 以下の間隔で配置
⑤控壁：長さ 3.4m 以下ごとに、径 9mm 以上の鉄筋を配置した控壁で基礎の部分において壁面から高さの 1/5 以上突出したものを設ける〈高さ 1.2m 以下の塀は除く〉
⑥鉄筋末端：③、④により配置する鉄筋の末端は、かぎ状に折り曲げて、縦筋にあつては壁頂及び基礎の横筋に、横筋にあつてはこれらの縦筋に、それぞれかぎ掛けして定着すること。ただし、縦筋をその径の 40 倍以上基礎に定着させる場合にあつては、縦筋の末端は、基礎の横筋にかぎ掛けしないことができる。
⑦基礎の丈・根入れ深さ：丈≧ 35cm　根入れ深さ≧ 30cm〈高さ 1.2m 以下の塀は除く〉

図 5-4　補強コンクリートブロック造等の塀における建築基準法の概要（建築基準法施行令第 62 条の 8 より）

ブロック塀等の安全性確保に向けた行動指針

国土交通省は大阪北部地震（2018 年）におけるブロック塀倒壊による死亡事故を受けて、施工者、製造業者、販売業者、設計者に対して「ブロック塀等の安全性確保に向けた行動指針」を示した。このうち、施工者、設計者に示された指針は次のようになる。

ブロック塀等の安全性確保に向けた行動指針

（1）安全性確保に向けた関連事業者の取組み

【施工者】

施工関連の事業者等は、ブロック塀等の整備等にあたって、以下の指針に沿ってブロック塀等の安全性確保に取組むこととし、関連団体は会員に対してその旨の周知を徹底する。

（新たなブロック塀等の対応）

●新たなブロック塀等の安全確保に関するチェックリストを用いて、建築基準法施行令の規定（以下「規準」という）に適合した安全なブロック塀等を新設する。

●発注者に対して、新設されたブロック塀等は基準に適合したものである旨の情報を的確に提供する。

●建物と同時にブロック塀等を新設する場合は、建築確認の手続きが必要であることを建築主に説明する。

●防火・準防火地域において建築物に付属するブロック塀等のみを新設する場合は、建築確認の手続きが必要であることを建築主に説明する。

（既存のブロック塀等の対応）

●既存のブロック塀等の安全性に係る相談を受けた際には、既存のブロック塀等に関して、診断基準を活用し、基準の内容等について丁寧に説明をする。

●既存のブロック塀等の点検を依頼された場合には、診断基準に沿って適切な点検を行う。

●既存のブロック塀等を撤去して新設する場合は、チェックリストに沿って基準に適合した安全なものとし、防火・準防火地域の場合は建築確認の手続きが必要であることを建築主に説明する。

【設計者】

設計者は、ブロック塀等の設計等にあたって、以下の指針に沿ってブロック塀等の安全性確保に取組むこととし、関連団体は会員に対してその旨の周知を徹底する。

（新たなブロック塀等の対応）

●基準に適合した安全なブロック塀等を設計等する。

●発注者に対して、設計されたブロック塀等は基準に適合したものである旨の情報を確実に提供する。

●建物と同時にブロック塀等を新設する場合は、建築確認の手続きが必要であることを建築主に説明する。

●防火・準防火地域において建築物に付属するブロック塀等のみを新設する場合は、建築確認の手続きが必要であることを建築主に説明する。

（既存のブロック塀等の対応）

●既存のブロック塀等の安全性に係る相談を受けた際には、診断基準を活用して、基準の内容等について丁寧に説明をする。

●既存のブロック塀等の点検を依頼された場合には、診断基準に沿って適切な点検を行う。

●既存のブロック塀等を撤去して新設する場合の設計等にあたっては、基準に適合した安全なものとし、防火・準防火地域の場合は、建築確認の手続きが必要であることを建築主に説明する。

ポイント 5　ブロックの選択

ブロックは JIS A 5406：2023（建築用コンクリートブロック）により、圧縮区分 16（C 種）以上の性能を有するものを使用するほか、使用するブロックは次の点に注意する（表 5-2、3）。

●ブロック空洞部内で 20mm 以上のかぶり厚さを確保するために、ブロックの正味厚さ 120mm 以上が必要になる（表 5-4､5）。

●透かしブロックを用いる場合は、縦筋や横筋が配筋できる挿入用のえぐりのあるものを使用するようにする（鉄筋に対するモルタルかぶり厚を確保する）。

表 5-2　建築用コンクリートブロックの種類と性能（JIS A 5406:2023 より）

断面形状による区分	外部形状による区分	化粧の有無による区分	圧縮強さによる区分*1	圧縮強さ*2 (N/mm²)	全断面積圧縮強さ (N/mm²)	質量吸水率 (%)
空洞ブロック	基本形ブロック、基本形横筋ブロック、異形ブロック*3	素地ブロック、化粧ブロック	A (08)	8 以上	4 以上	30 以下
			B (12)	12 以上	6 以上	20 以下
			C (16)	16 以上	8 以上	10 以下
			D (20)	20 以上	10 以上	
型枠状ブロック	基本形横筋ブロック、異形ブロック*4		20	20 以上	−	10 以下
			25	25 以上		9 以下
			30	30 以上		8 以下
			35	35 以上		7 以下
			40	40 以上		6 以下
			45	45 以上		5 以下
			50	50 以上		
			60	60 以上		

＊1　圧縮強さによる区分は、カッコ内の記述によってもよい
＊2　空洞ブロックの場合は、正味断面積圧縮強さ (f2) とする
＊3　空洞ブロックの外部形状による区分
＊4　型枠状ブロックの外部形状による区分

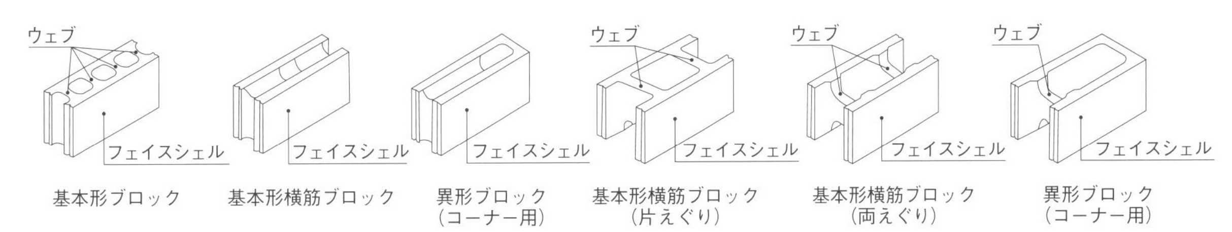

表 5-3　建築用コンクリートブロックの寸法（単位 mm、「JASS 7 メーソンリー工事」より）

断面形状による区分		空洞ブロック	型枠状ブロック
長さ	モジュール寸法	300、400、450、500、600、900	
高さ	モジュール寸法	100、150、200、250、300	
厚さ	正味寸法（実寸法）	100、110、120、130、140、150、190	140、150、180、190、200、225、250、300

モジュール寸法は、目地を含めた寸法。正味寸法はモジュール呼び寸法から標準目地幅（1 〜 10mm）を減じたもの

表 5-4　補強コンクリートブロック塀の鉄筋かぶり厚さ

部位		最小かぶり厚さ
土に接しない部分	ブロック塀壁体、控壁	20mm
土に接する部分	基礎立ち上がり	40mm
	基礎スラブ	60mm

表 5-5　補強コンクリートブロック塀の鉄筋かぶり厚さ（単位：mm）

断面形状による区分	正味厚さ	縦筋を挿入する空洞部*1		横筋を挿入する空洞部*4		
		断面積 (cm²) *2	最小幅*3	最小径	最小深さ	曲率半径
空洞ブロック	100	30 以上	50 以上	50 以上	40 以上	—
	100 を超え 110 以下	35 以上				
	110 を超え 120 以下	42 以上	60 以上	60 以上	50 以上	
	120 を超え 130 以下	45 以上				
	130 を超え 140 以下	54 以上	70 以上	85 以上 (70 以上)	70 以上	42 以上 (35 以上)
	140 を超え 200 以下	60 以上				
型枠状ブロック	120 以上 130 未満	—	60 以上	—	—	—
	130 以上 400 未満	—	70 以上	—	—	—

＊1　複数のブロックの組積によってできる空洞部および目地を含む
＊2　図 a）に示す x の 2 倍の長さに標準目地幅を加えた値と y との積とし、隅角部は丸みがないものとする
＊3　図 a）に示す x の 2 倍の長さに標準目地幅を加えた値および y のうち、小さい方の値とする
＊4　（　）内の数値は、化粧を施したブロックに適用する

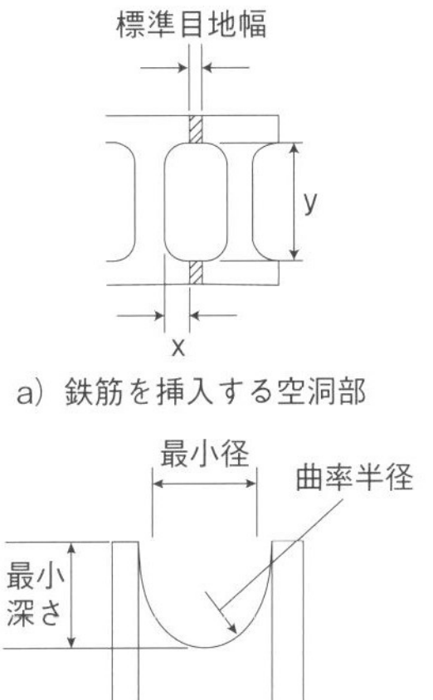

a）鉄筋を挿入する空洞部
b）横筋を挿入する空洞部

塀工事

【用語説明】

空洞ブロック　主として、補強コンクリートブロック造に用いるもので、通常は縦目地空洞部、鉄筋を挿入した空洞部などに充填材を部分充填して使用するブロック。

型枠状ブロック　　主として、鉄筋コンクリート組積造に用いるもので、縦横に連続した大きな空洞部をもち、充填材を全充填して使用するブロック。

化粧ブロック　　フェイスシェル表面に、割れ肌仕上げ、こたたき仕上げ、研磨仕上げ、塗装仕上げ、ブラスト仕上げ、リブなど、意匠上有効な仕上げを施したブロック。

素地ブロック　　化粧ブロック以外のフェイスシェル表面に意匠上有効な仕上げを施さないブロック。

ポイント 6　鉄筋・配筋の規準

鉄筋はJIS G 3112：2020（鉄筋コンクリート用棒鋼）または、JIS G 3117：2022（鉄筋コンクリート用再生棒鋼）を使用するほか、施工においては次の点に注意する（表5-6）。

- 縦筋の壁頂部は180°かぎ掛け、または、10d以上の余長の90°フックとし、天端端部の縦筋横筋ともに180°かぎ掛け、または、25d以上の余長の90°フックとする（図5-5）。
- 横筋の重ね継ぎ手の長さは、フックなしで40d以上とする（図5-6）。
- 縦筋の基礎への定着は、かぎ掛けなしで40d以上とする。
- 結束線は、径0.8mm以上のなまし鉄とする。
- ブロック壁体の縦筋は、ブロックの空洞内で重ね継ぎしてはならない。

補強コンクリートブロック造塀における天端および壁内の配筋を図5-7に、控壁の配筋を図5-8にそれぞれ示す。

表5-6　鉄筋の種類および区分表示方法（単位mm、「JASS 7 メーソンリー工事」より）

規格番号名称	区分	種類の記号	引張強さ N/mm²	径または呼び名	種類を区分する表示	
					圧延マーク	色別塗色
JIS G 3112 鉄筋コンクリート用棒鋼	丸鋼	SR235	235以上	9φ、13φ、16φ、19φ、22φ、25φ、28φ、32φ	適用しない	青（片断面）
		SR295	295以上			白（片断面）
	異形棒鋼	SD295A	295以上	D6、D10、D13、D16、D19、D22、D25、D29、D32、D35、D38、D41、D51	圧延マークなし	適用しない
		SD295B	295～390		1または丨	白（片断面）
		SD345	345～440		突起の数1個（・）	黄（片断面）
		SD390	390～510		突起の数2個（・・）	緑（片断面）
		SD490	490～625		突起の数3個（・・・）	青（片断面）
JIS G 3117 鉄筋コンクリート用再生棒鋼	再生丸鋼	SRR235	235以上	6φ、9φ、13φ	適用しない	赤（片断面）
		SRR295	295以上			白（片断面）
	再生異形棒鋼	SDR235	235以上	D6、D8、D10、D13	節欠き1個（—）	適用しない
		SDR295	295以上		節欠き2個（——）	
		SDR345	345以上		節欠き3個（———）	

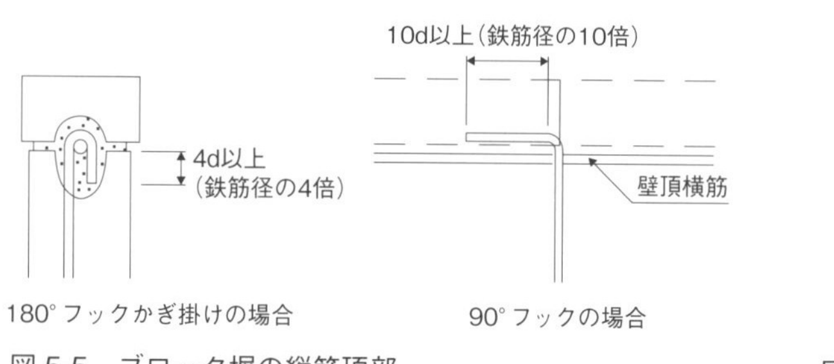

図5-5　ブロック塀の縦筋頂部

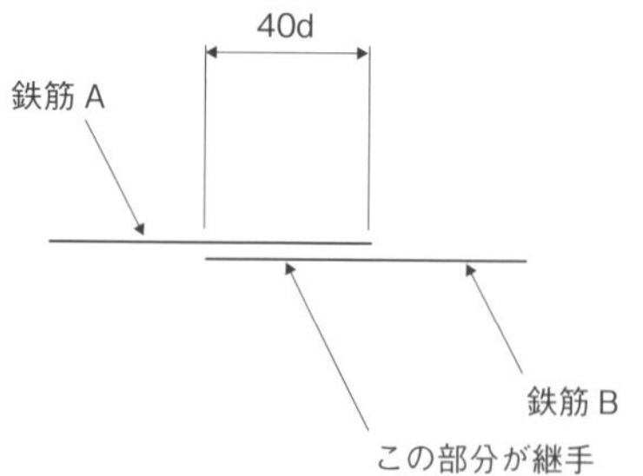

図5-6　ブロック塀の横筋の重ね継手

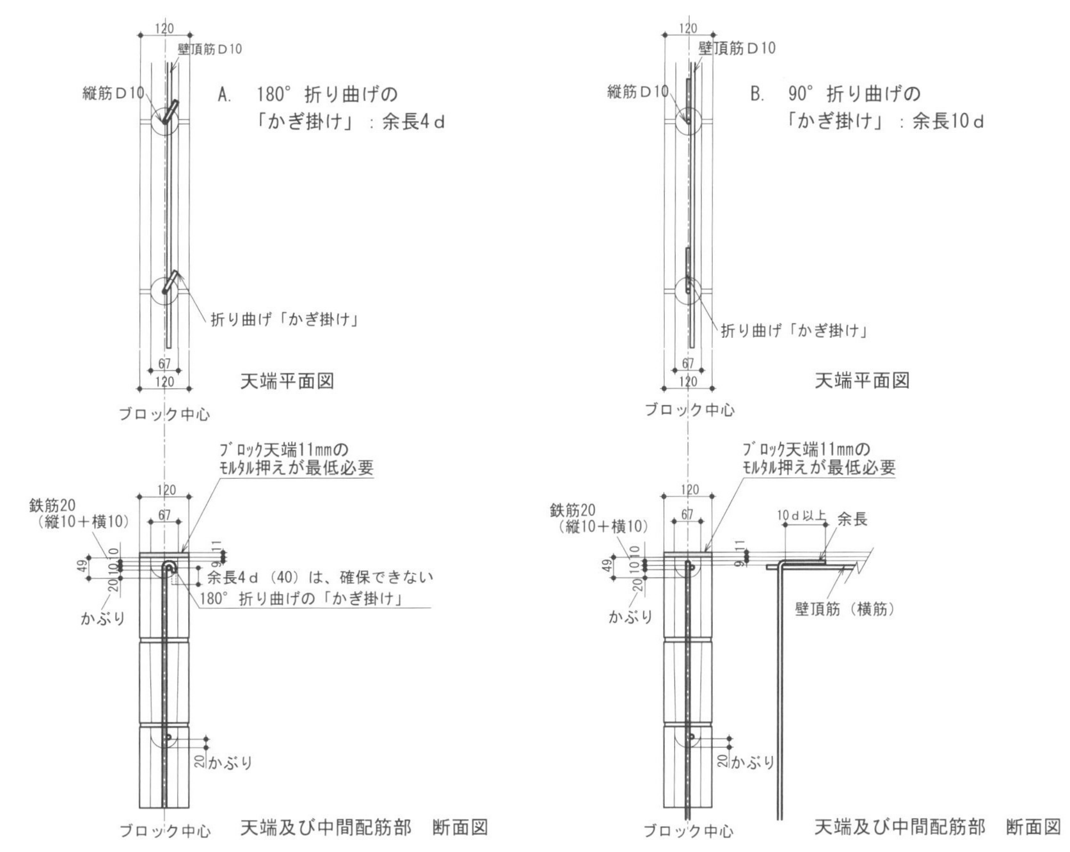

図 5-7　ブロック塀の天端および壁内の配筋

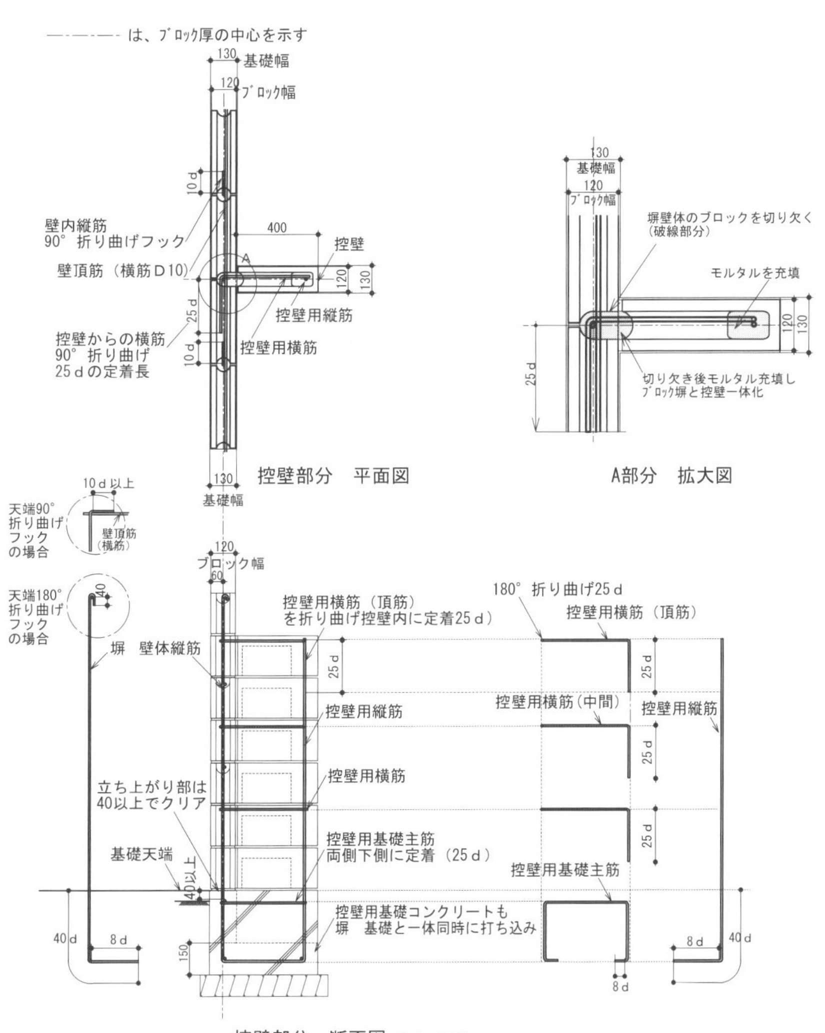

図 5-8　ブロック塀の控壁の配筋

塀工事

ポイント 7　モルタルのドライアウトに注意

モルタルのドライアウトには十分注意し、モルタル配合比率は容積比で表5-7のようにする。

モルタルおよびコンクリートの製造は、基本的に機械練りとし、手練りは原則行わないものとする。練置き時間は、目地モルタル60分、充填モルタル90分、充填コンクリート120分を最大とする。

表5-7　モルタル等の調合（容積比）

用途	セメント	砂（細骨材*1）	粗骨材*2	備考
目地用モルタル	1	2.5～3	—	最大寸法2.5mm
化粧目地用モルタル	1	1～1.5	—	適量の防水剤を混ぜる
充填用モルタル	1	2.5	—	最大寸法5.0mm
充填用コンクリート	1	2	2*3	最大寸法20 mm

＊1　細骨材：10 mm網ふるいを全部通り、5 mm網ふるいを質量で85％以上通る骨材
＊2　粗骨材：5 mm網ふるいで質量85％以上とどまる骨材
＊3　充填用コンクリートの粗骨材は20mm網ふるいで質量90％以上通過した骨材

【用語説明】

ドライアウト　　モルタルなどの凝結硬化過程で、水分が下地の急速な吸水や直射日光を受けて短時間に蒸発してしまうことで、正常な凝結硬化ができなくなる状態をいう。

ポイント 8　目地塗面の全部にモルタルが行きわたるように積む

補強コンクリートブロック積みの塀は、その目地塗面の全部にモルタルが行きわたるように組積し、鉄筋を入れた空胴部および縦目地に接する空胴部は、モルタルまたはコンクリートで埋めなければならない。空洞ブロックのフェイスシャルだけでなく、ウェブの上にもモルタルを乗せて、ブロック全体を目地として定着させるようにする（ブロックはウェブもフェイスシェルも目地とみなす）。

施工においては次の点に注意する。

- 根付けブロックは、接着面全面に隙間なくモルタルを塗布する。
- 横筋ブロックの鉄筋配置の空洞部のすべてにモルタルを充填する。
- 基本的に横筋兼用ブロックを使用する場合は、横筋用空洞部すべてにモルタルを充填する。
- ブロックは、フェイスシェルの厚さが厚い方を上になるように積むことを基本とする。
- 1日の積上げ高さは1.6 m以下とし、モルタルの打継ぎは、ブロック天端から5cm下がった位置とする。
- 目地の種類はいも目地とやぶれ目地がある。型枠状ブロックはやぶれ目地積みとする（図5-9）。

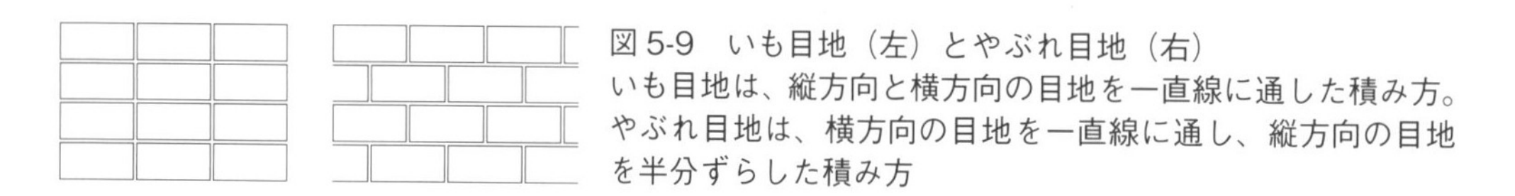

図5-9　いも目地（左）とやぶれ目地（右）
いも目地は、縦方向と横方向の目地を一直線に通した積み方。
やぶれ目地は、横方向の目地を一直線に通し、縦方向の目地を半分ずらした積み方

- 透かしブロックは2個以上連続して配置しない。また、壁体の最上部と最下部には使用しない（図5-10）。

  鉄筋のモルタルかぶり厚が担保できなくなるため。特に縦筋に接触する位置での使用はしない。日本エクステリア学会は縦筋ピッチ400mmを推奨しており､すべての縦筋が干渉してくる透かしブロックを使用をしない施工を推奨し、使用する場合はかぶり厚を考慮した透かしブロックを使用する。
- 壁体内の鉄筋のかぶり厚は20mm以上とし、偏らないように設置する。
- 縦筋は、コンクリートブロックの空胴部内で継いではならない。ただし、溶接接合その他これと同等以上の強度を有する接合方法による場合においては、この限りでない。
- 縦目地なしや型枠状ブロックは縦筋とずれないようにし、積み幅1m程度ごとに確認して、縦筋位置と目地位置の調整をする。

白華現象

白華とは、セメント二次製品などの表面に白い綿状の物質が吹き出た事象をいう。白華の原因と生成過程は①セメントと骨材が硬化の過程で水に反応して水酸化カルシウムができる②製品内の水酸化カルシウムは浸透した水に溶解し、水分の移行によって表層部で蒸発することで製品表面に水酸化カルシウムが残存する③その後、水酸化カルシウムは空気中の炭酸ガスにより炭酸カルシウムに変容する――ことであり、この表面に残された炭酸カルシウムが一般的に白華といわれる。白華は冬期および雨期に発生する場合が多く、現在もその発生を防止する方法は見つかっていない。成分自体が炭酸カルシウムであることから、製品の構造に悪影響を及ぼすことはなく、また人体にも無害な成分であるが、発生しにくい施工方法・除去方法は検討の余地がある。

白華防止対策には、事前（計画・施工時）と事象発生後で次のようなものがある。なお、時間の経過とともにセメント成分が安定することで、白華事象は解消する。

〈事前にやるべきこと〉

- 天端笠木の設置により、雨水の浸入を抑えることができる。
- 土に触れる部分は、布基礎や型枠状ブロックの基礎にする。
- 施工時はブロック内の水分の排水処理を行い、内部に水分を残さないことや、表面の乾燥養生を十分に行う。
- 塀と床面が接触する場合は溝（U 字溝など）の設置や、十分な水勾配をとって塀際の水の滞留を防止する。
- ブロック塀の宅地側が地盤土の場合や、花壇施工の場合は、水分の浸入を抑える防水シートや撥水剤塗布を施す。
- スクリーンや透かしタイプのブロックをデザインなどで使用する場合は、撥水剤を塗布する。
- 角門柱内は、コンクリートを全充填するか、中空（鉄骨芯など）にして、最下部に水抜き穴を設置する。
- 施工後に浸透性撥水剤などを塗布する場合は、周囲の金属類に注意する。

〈発生後にやるべきこと〉

- 白華が発生した場合は、早急にブラシやスクレーパー、または白華除去剤で除去し、浸透性撥水剤を塗布する。
- 基礎や目地または天端部分からの水の浸入を抑える処理を施す。

写 5-7　雨水などがブロック天端から浸入したか、土に接している宅地側のブロックや基礎付近に水分が滞留してブロック内部に浸入した後、基礎とブロック塀の接合部から水分が流出、乾燥後に白華事象が発生したと考えられる。基礎とブロック塀の接合部に水分が浸入することにより、内部鉄筋の腐食にもつながっていると思われる

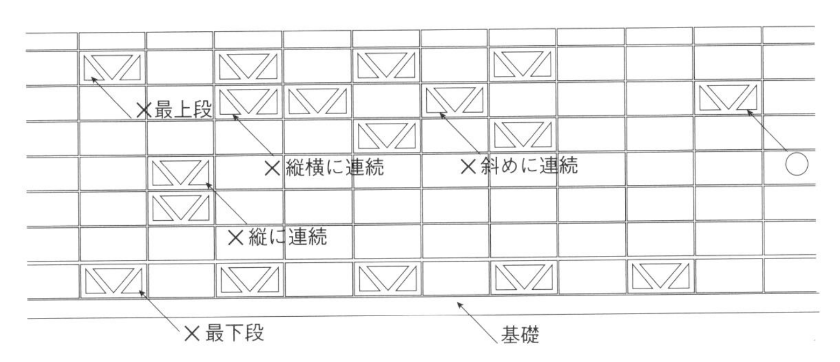

図 5-10　透かしブロックの設置位置

- ブロック積み塀の中に水が残留した場合は白華事象の原因にもなるので、施工中に壁体内に雨水が入らないように配慮する。同時にポスト・宅配ボックスなどのまわりにはシーリングを施す。
- ブロック積みが塗下地であっても、目地を設けて目地を押さえることで表面強度が向上し、空域率を下げる効果がある（白華事象を抑制する）。

●笠木ブロックや天端ブロックは、壁体の頂部に強固に接着する。
●型枠状ブロック積み塀でのコンクリートの充填時には、バイブレータなどを使用し、壁体部分にぶつからないように注意し、特に水抜き穴の下部に空洞ができないように充填を行う。
●ブロック積みの施工時には、モルタルが硬化する前に目地洗浄を行う。特に化粧ブロックや型枠状ブロックでは注意して洗浄する。
●モルタルなどの洗浄水の処理は、敷地内はもちろんだが、側溝にも流さないようにし、凝集剤などを使用して上水を中性化したうえで下水処理とする。また下部沈殿物は産業廃棄物処理とする。

図5-11に補強コンクリートブロック塀を、図5-12に補強コンクリートブロック塀化粧ブロックの断面図をそれぞれ示す。

ポイント9　金属フェンス付きブロック塀は地震力と風圧力を確認

金属フェンス付きブロック塀（連続フェンス）の高さは2.2m以下とし、ブロック壁体部分の高さは1.2m以下、フェンス部分の高さは1.2m以下とする（図5-13）。

ただし、フェンスに作用する地震力や風圧力をブロック壁体の高さに換算した高さ（換算高、図5-14）は1.6m以下として、表5-8の数値に適合するようにする。

フェンス支持金物の壁体への定着におけるポイントを図5-15に示す。

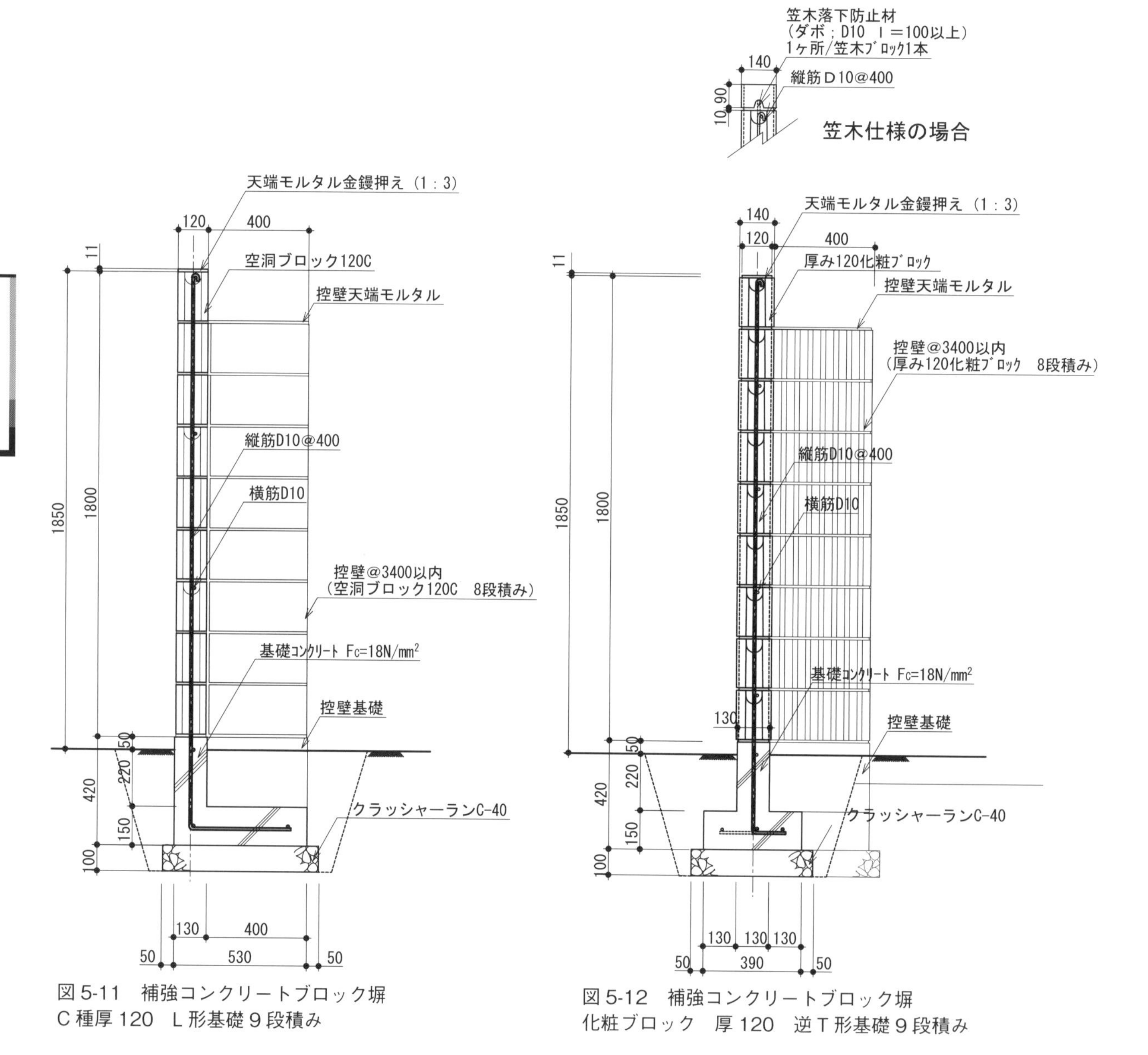

図5-11　補強コンクリートブロック塀
C種厚120　L形基礎9段積み

図5-12　補強コンクリートブロック塀
化粧ブロック　厚120　逆T形基礎9段積み

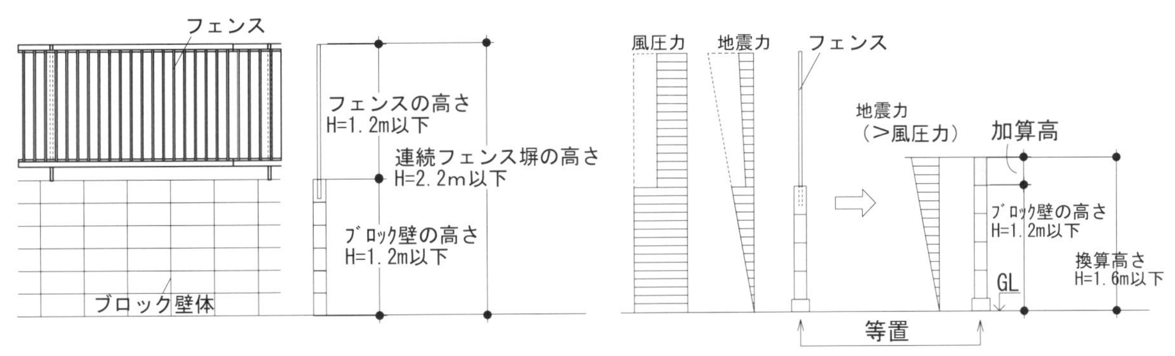

図 5-13　金属フェンス付きブロック塀の高さ

図 5-14　金属フェンス付きブロック塀の換算高さ

表 5-8 ブロック壁体の高さに加算する高さ（m）（地表面粗度区分Ⅲ、Vo=34/s）

使用するブロックの種類	フェンス部分の高さ（m）	フェンスの風圧作用面積係数（γ）		
		γ≦0.4	0.4＜γ≦0.7	0.7＜γ≦1.0
空洞ブロック及び化粧ブロック	0.6m 以下	0.2	0.2	0.3
	0.6m を超え 0.8m 以下	0.2	0.3	0.4
	0.8m を超え 1.0m 以下	0.2	0.4	0.5
	1.0m を超え 1.2m 以下	0.3	0.5	0.6
型枠状ブロック	0.6m 以下	0.1	0.1	0.1
	0.6m を超え 0.8m 以下	0.1	0.1	0.2
	0.8m を超え 1.0m 以下	0.2	0.2	0.3
	1.0m を超え 1.2m 以下	0.2	0.3	0.4

（備考：γ：フェンスの風圧作用面積をフェンスの長さと高さとの積で除した値）

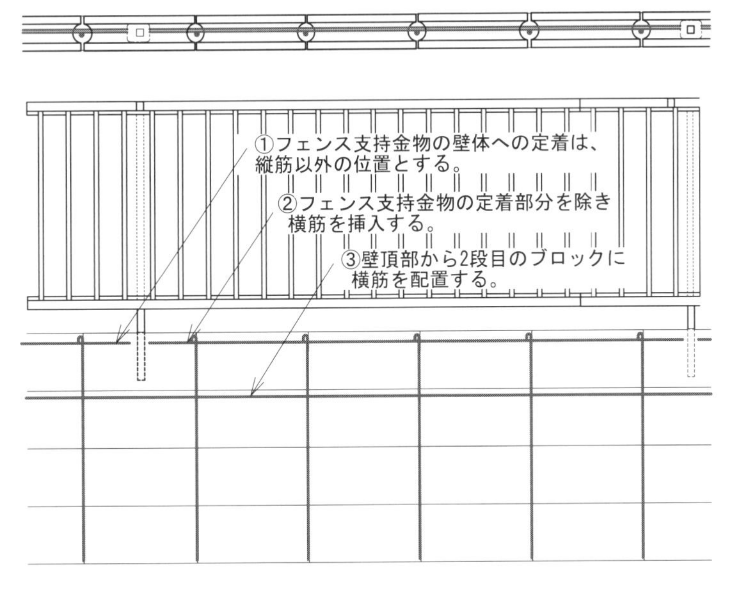

図 5-15　金属フェンスの支持金物の壁体への定着と配筋

ポイント 10　補強工事は安全確保を第一に

既存ブロック塀などの補強をする場合は、既存ブロックの強度やブロック種（軽量ブロック・重量ブロック）、内部鉄筋配筋などを検査した結果、補強対策をすることで安全性が担保できる場合のみに行うことが望ましい。また、補強案も安全性を考慮して国土交通大臣告示（建設省告示第 1355 号）による構造計算がなされた構法、製品から選択する。

一般的な補強方法としては、塀の一部をはつって控壁をつくる方法や、鉄製の支柱を設置する方法などもあるが、補強用の金具製品もあるので、状況に応じて選択する（写 5-8、図 5-16）。

【補強工事のための診断方法】

次の内容に該当する場合は、補強対策ではなく建て替えを考える。

●躯体の建築後の経過が 20 年以上。
●内部鉄筋が建築基準法の縦横 80cm 以下ごとに配筋されていない。
●既存状況において、傾きが水平変異 15mm/m 超である。
●既存状況において、ぐらつきがある。
●躯体に大きなひび割れや大きな破損がある。
●連続して透かしブロックの使用をしている。
●躯体上部に積み増しがある。

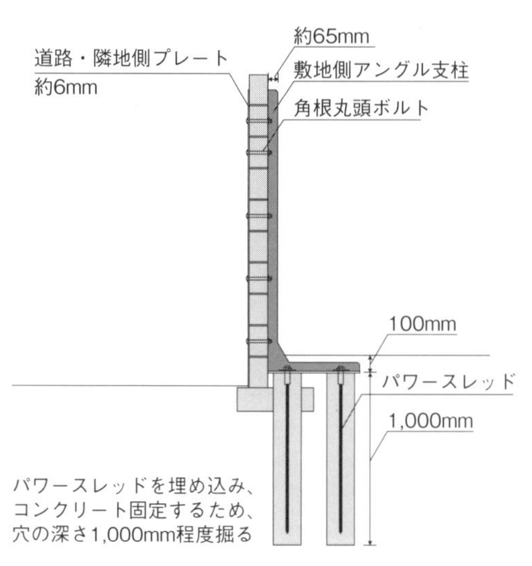

写 5-8 構造計算がなされた補強用金物（右は補強概念図、FIT パワー／大林）

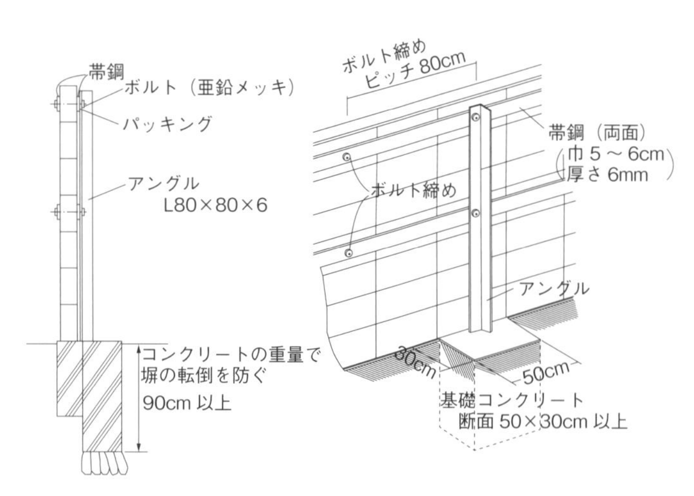

鋼柱式補強方法（塀の高さが 1.2m 以下の場合）
鋼材で臨時に補強する方法。この場合、鋼材は腐蝕するので 3 年以上を目安にして、本格的に補強するか、撤去することが望ましい

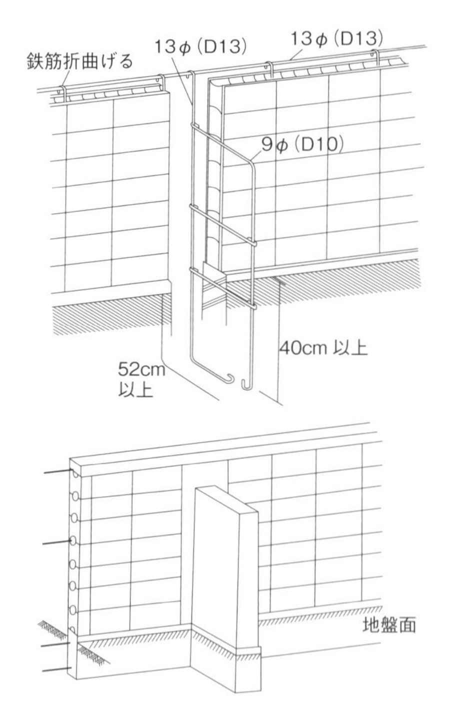

鉄筋コンクリート造控壁式補強方法
控壁がなく、壁頂の配筋や基礎が不確実な塀の場合

図 5-16 既存ブロック塀の補強例

タイル張り

塀のタイル工事とは、下地の組積造あるいはRC造の壁体表面にタイルを張る工事を指す。主な工法と施工手順は次のようになる。

【改良圧着張り】

張付けモルタルを下地面に塗り、さらにタイル側にも薄く張付けモルタルを塗り付けながら張り付ける。下地とタイルの両面に張付けモルタルを塗り付けるため、ばらつきが少なく、安全性の高い工法といわれている。従来から多く用いられている（図5-17）。

［施工手順］

①下地側：張付けモルタル（1：2）厚4～6mm、面積は2m^2以内。

②タイル側：張付けモルタル（1：2）厚2～4mm（タイル裏足凸部より）。

③モルタルがはみ出るまで、金づちの柄でタイルをたたき押さえる。

④目地：目地モルタル（1：1）をタイル厚さの1/2以下まで充填する。

【接着剤（ボンド）張り】

下地は改良圧着張りと同様だがモルタルの接着に比べて剝がれにくく、接着剤の中に水酸化カルシウムが含まれていないので、白華や粉吹きを軽減する。また、目地でタイルを固定しないために目地なしも選択できるという特徴を持つため、最近多く用いられてきている。さらに、改良圧着張りに比較して追従性があるので、躯体や下地の動きを吸収し、剥離やクラックの発生を抑制する。施工手間の簡素化にもつながると考えられている（図5-18）。

［施工手順］

①タイルの大きさは300角以下で、裏足は低い方が好ましい。

①下地モルタル塗り：モルタル（1：2）6mm厚＋モルタル（1：3）6mm厚、計12mmの下地モルタルを木コテ押さえ。または、既調合モルタルを使用（接着耐久性があり、ひずみや変形に強い）。

②接着剤塗布：接着剤はJIS A 5557：2020適合品を使用する。下地表面が乾燥している状態で、接着剤を下地全面に塗布する。その際、2mm程度を塗布して、クシ目コテで均す。裏足がある場合や大きめにタイルを使用する場合は、タイル側にも塗布する。

③タイルを接着剤に強くもみ込む。張付け面積2m^2以下で張付け施工時間は30分以内にする。

④必要に応じて目地モルタル（1：1）をタイル厚の1/2以下で充填する。

⑤空目地の場合は、クシ目コテで塗布後に平コテで均す。平コテを使用する場合は接着剤の厚さ不足にならないように注意する。

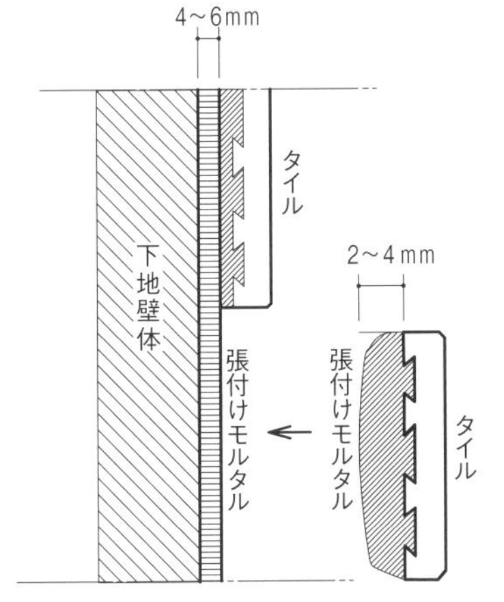

図5-17　タイル改良圧着張り仕上げ

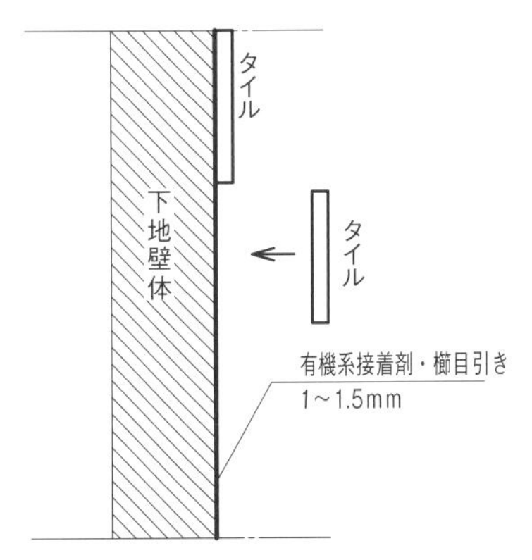

図5-18　タイル接着剤張り仕上げ

塀工事

ポイント 11　タイルの種類と目地の選択

外壁に用いられるタイルは、内装あるいは床タイルではなく、外装壁タイルを選択する。タイル材料の選択を間違うと剥離や欠損などの支障が出ることがある。外装壁タイルは、高強度で吸水率が低く、耐候性・耐久性に優れている磁器質およびせっ器質となる。

よく使われるサイズの基本的な名称と寸法を表5-9に示す。また、面積が30～50cm角以下でつくられた小型の陶磁器質タイルをモザイクタイルと呼び、施工効率から紙張りなどのユニットで構成されている（表5-10）。

外壁に用いられるタイルの目地割の主なパターンを図5-19に示す。

表5-9　外装壁タイルの名称と寸法

名称	実寸法（mm）
小口平	108 × 60
二丁掛	227 × 60
三丁掛	227 × 90
四丁掛	227 × 120
ボーダー	227 × 30

表5-10　外装壁モザイクタイルの名称と寸法

名称	実寸法（mm）	目地共寸法（mm）	ユニット目地共寸法（mm）
50mm 角	45 × 45	50 × 50	300 × 300
50mm 二丁	95 × 45	100 × 50	
50mm 三丁	145 × 45	150 × 50	

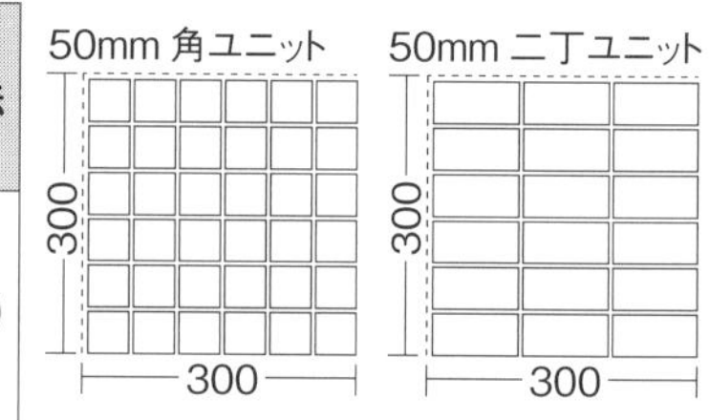

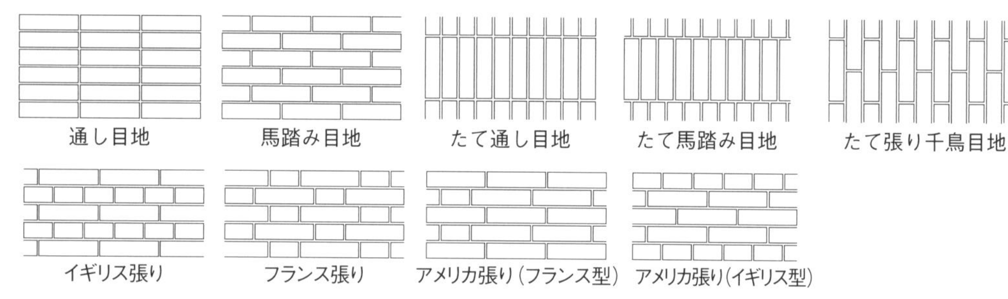

図5-19　外装壁タイルの主な目地

ポイント 12　改良圧着張り施工における白華対策

タイル張りの下地がブロック積み壁の場合は、必要に応じて下地モルタルで不陸を調整しておくようにするが、下地がモルタル塗りの場合は白華現象が起こりやすいので、白華防止剤の添加も検討する。ただし、白華除去剤などを使用する場合は、使用後の洗浄不良によってタイル、目地が変色する可能性があるので、よく洗浄する。

図5-20に下地がブロック積み塀のタイル仕上げ塀の断面を示す。

その他、下地モルタルなどに関しては次の点に注意する。

- タイル張り塀の天端や壁体面には、雨水の浸入を防ぐために、できるだけ天端にアルミなどの笠木を設けるようにし、壁体面には下地モルタルを施す。
- タイル張りの下地塗りは、むら直し、仕上げ下地塗りの２回塗りとする。
- 壁面のタイル割付けは、下地壁体施工時に行う。
- モルタル張付けタイルは、目地を詰めて仕上げる。
- 目地部の押付け不足や目地の充填不足で白華現象が発生しやすいので、目地処理には十分注意する。
- タイル張り塀の天端に水分が滞留したり、壁内に水が浸入しないような処理を行う。

ポイント 13　接着剤張り工法は、隙間なくボンドを塗る

接着剤張りの接着剤（ボンド）は使用期限に注意して用いる。重量のあるタイルでは２液性接着剤を使用する。施工では壁体下地の段差などが如実に表れるので、天端の段差のある場合も含めて注意が必要である。

その他、次の点に注意する。

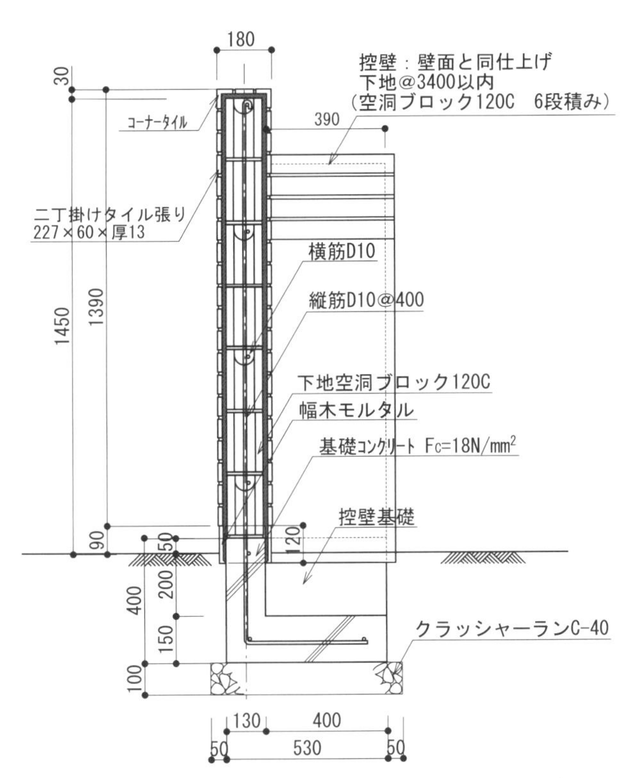

図 5-20　タイル張り塀（L 形基礎、ブロック 7 段積み）

写 5-9　ボーダータイル張り塀

- 張付け下地が完全に乾燥してからの施工を徹底する。また、雨天などの予報がある場合は施工しない。
- 下地がブロックなどの場合は、下地モルタル施工をして不陸をなくす。下地ブロックに直接施工できるが、ブロックの仕上げ精度の高さが必要となる。
- 下地材へ吸水調整剤やシーラーの塗布は行わない。
- ポストまわりなどの金物付近の施工は、事前に養生を行う。
- 接着剤使用可能時間は、気温 35℃で塗布後 30 分以内、気温 23℃で 60 分以内となる。
- 裏足があるタイルを使用する場合はクシ目を裏足と平行にならないようにする。
- 接着剤の厚みが増すと効果が遅くなり、剥離の原因となる。

左官仕上げ

塀の左官工事は、組積材の素地の上にモルタルや塗壁材をコテや刷毛などを用いて仕上げる工事である。また、砂利などを練り込んだモルタルを塗りけ後、水で表面のモルタルを洗い、練り込んだ砂利を見せる「洗い出し」などがもある。

左官による仕上げには数多くの種類があり、コテがつくる凹凸や模様、刷毛を用いた刷毛目、クシを用いたクシ目、表面を掻き落とすなどの工法がある。これらはすべて手作業であり、他にはない雰囲気をかもし出す。また、組積造の塀は、左官仕上げによって汚れや紫外線などの影響を受けにくくなるため、劣化抑制や壁体の強度を向上させるなどの効果がある。

図 5-21 に下地がブロック積みの左官仕上げ塀の断面を示す。

ポイント 14　施工の注意点

- 左官仕上げ塀は、モルタル（セメントモルタル）を使用する。セメントモルタルとは普通セメント（ポルトランドセメント）に、砂（細骨材）を加えて水で練り合わせたものをいう。標準的な調合（容積比）を表 5-11 に示す。また、モルタル 1 回塗りと 2 回塗りの施工フローを図 5-22、23 に示す。

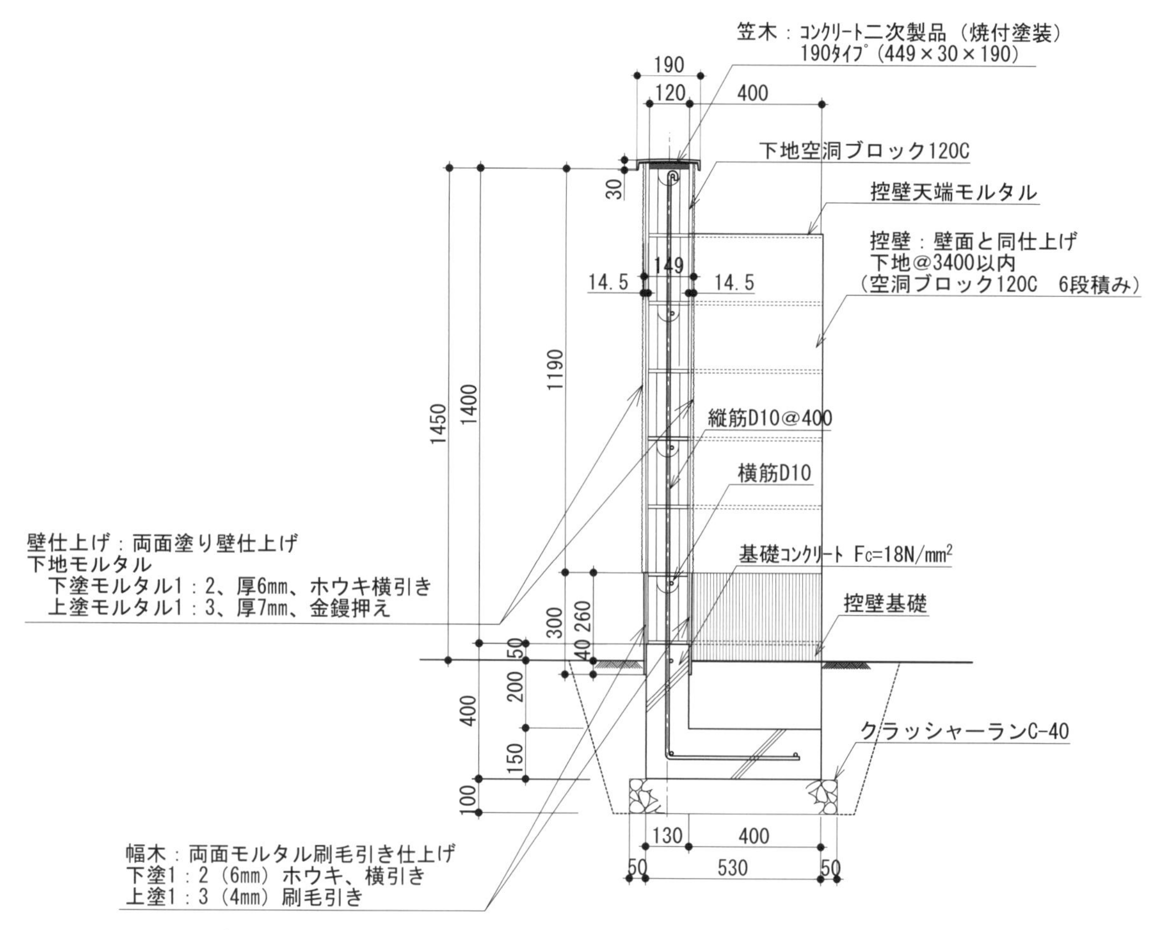

図 5-21　左官仕上げ塀（L 形基礎、ブロック 7 段積み）

表 5-11　現場調合普通モルタルの標準調合（容積比：JASS 15）

下地種類	用途	セメント	砂	無機質混和材*1	混和材
コンクリート	下塗り	1	2.5	0.15 ～ 0.2	製造者の指定による
	中塗り・上塗り	1	3	0.1 ～ 0.3	
メーソンリーユニット（コンクリートブロック）	下塗り・中塗り・上塗り	1	3	–	

＊1　無機質混和材は、工事監理者の承認を得て使用することができる

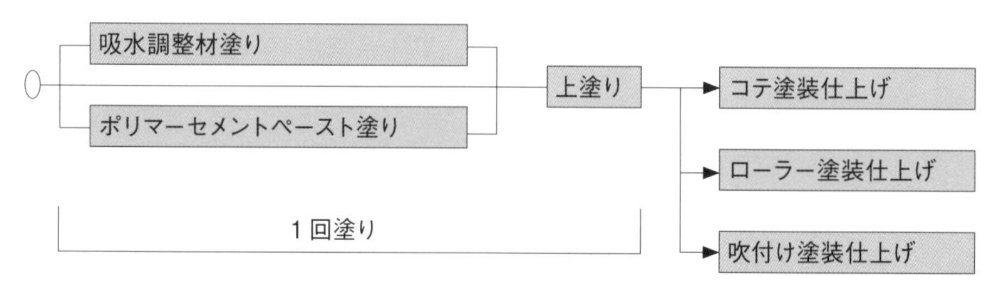

図 5-22　モルタル 1 回塗りのフロー（10mm 以下の塗り厚で 1 回で仕上げる場合）

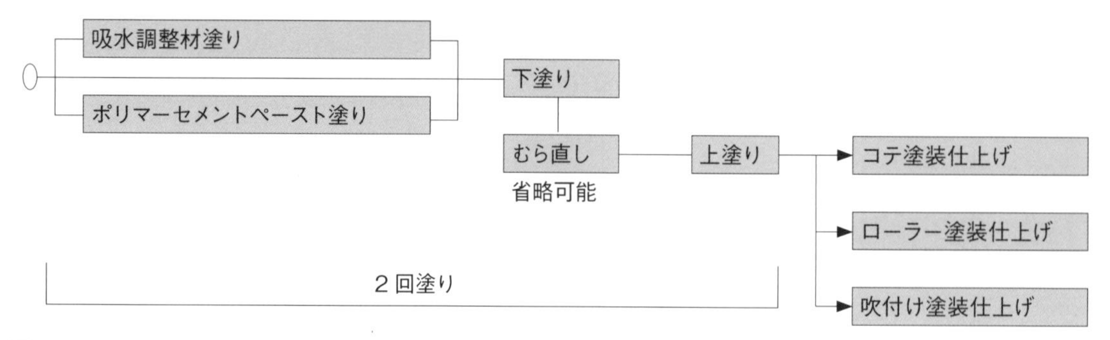

図 5-23　モルタル 1 回塗りのフロー（20mm 以下の塗り厚で 2 回で仕上げる場合）

写 5-10　塗装仕上げ下地の既調合軽量セメントモルタルの左官作業風景。下地ブロックは、下段が型枠状ブロック、上段は空洞ブロック。ブロック上部およびコーナー部分には樹脂製の埋め込み定木を使用してる。上部壁面に出ている管は照明の配管

- 軽量モルタルは乾燥の速度が速いため、隅角などの処理が難しいので注意する。軽量モルタルとは、細骨材（砂）を軽量な比重の軽い骨材に変更してつくる既調合の工業製品。また、砂の代わりにスチレン粒やパーライトなどが使われることも多い。
- 下地塗りの場合は、塗り方や気温・湿度によって変わるが、下塗りが完全に乾いてから（下塗りで 24 時間程度、中塗りで 4 時間程度）、仕上げをする。
- 塀の左官仕上げは両面（表裏）を施工することが望ましい。ブロック積みの片面を仕上げた場合、仕上げのない未施工面からの雨水などの浸入により、仕上げ済面の表面剥離や白華が発生する可能性がある（写 5-11）。
- 左官仕上げの施工は、下塗りが完全に乾燥してから行う。乾燥が完全でない状態で施工すると、表面剥離や白華発生の原因になる。下地のモルタルが乾くことで pH 値が下がり（強アルカリから弱アルカリになり）、剥離や白華が出にくくなる。下地の乾燥日数の目安を表 5-12 に示す。

写 5-11　白華が見られるモルタル塗壁

表 5-12　夏季と冬季の下地面の乾燥

下地	夏季	冬季
モルタル面	7 日以上	14 日以上
コンクリート面	14 日以上	21 日以上

吹付け塗装仕上げ

塀の吹付け塗装工事は、下塗り塗料（シーラー）を吹き付けた後に、リシンやスタッコなどの仕上げ塗料を吹付けて仕上げる。また、吹付けタイルのようなものは下塗り塗料を吹付けた後、玉吹き（吹付け面の凸凹を出す）を行い、最後に仕上げ塗装を行う。

吹付けは、圧縮した空気を使って塗料を微粒子化して噴射する「スプレーガン」を用い、塗料を霧状にして塗装する。吹付けには、スタッコ塗装、吹付けタイル、石目やリシン模様などの仕上げがある（写 5-12）。

施工手順は左官仕上げと同様になる。

写 5-12　スプレーガンによる塗装

写 5-13　ローラー塗装

ポイント 15　施工の注意点

塀の吹付け塗装工事は、広範囲の仕上げを短時間で施工でき、仕上げの模様も豊富できれいに仕上がるので、効率的な仕上げといえる。しかし、塗料の飛散が多いので養生が必要なことや、ローラー塗布（写 5-13）に比べて 3 割程度の塗料の無駄が出るともいわれている。

施工の注意点は左官仕上げ工事と共通するが、吹付け工事に関しては次のようなものがある。

- 吹付け工事では、塗料が周囲に飛散するので、周辺に養生を行う。風の強い日は、吹付け施工は極力行わないようにする。
- 微弾性塗料により、水分を外部に排出することがあるので、使用材料の選定時に検討する。
- 吹付け施工に不適切な湿度と温度は、湿度 85％以上、気温 5℃未満とされている（低温時でも施工できる低温塗料もある）。塗料の乾燥に不適切な条件の場合、原則として塗装作業に着手しない。

第６章　床工事

床工事の内容

一般住宅や集合住宅におけるエクステリアの床工事として、本章では次の工事について扱う。

- ●床コンクリート工事……駐車場や自転車置場、門・玄関のアプローチなど。
- ●レンガ舗装やインターロッキング舗装工事……庭や通路の床など。
- ●アスファルト工事……駐車場など。
- ●その他……関連する道路や歩道の舗装工事や側溝改修工事など。

なお、床材については一般的な材料について扱うが、各種製品がエクステリアメーカーから販売されている。そのような製品は取扱説明書などに従って施工することが安全確保と品質確保のうえでも重要である。また、地域性のある材料を使用する場合は、製造メーカーの施工規準に準じる。

資格・講習

床工事では、インターロッキングブロック舗装技術協会が認定する「インターロッキングブロック舗装施工管理技術者認定」、日本建設業協会が認定する「舗装施工管理技術者」、厚生労働省認定の国家資格である「タイル張り技能士」などがある（表6-1）。

表6-1　床工事関連の資格

称号	認定団体（法律）	内容
インターロッキングブロック舗装施工管理技術者認定	インターロッキングブロック舗装技術協会	専門技術者として施工管理に関する専門知識を有する人材を認定
舗装施工管理技術者（1級・2級）	日本道路建設業協会	国土交通省に認定された大臣認定資格。公共工事での入札条件となる場合もある
1級・2級タイル張り技能士（1級・2級）	厚生労働省（職業能力開発促進法）	検定試験に合格した知識と技能を有する技能士

工事着手前（土工事に関しては第4章を参照）

ポイント1　仕上げ・工法の確認

床工事は、下から順番に路床、路盤、表層で構成され、表層はコンクリート、インターロッキングブロック、タイル、アスファルト、レンガ、コンクリート平板など仕上げ材が多い。求められる耐荷重と仕上げ材により、それぞれ工法も異なってくるので、設計図書などで確認をしておく。また、見切りを設ける場合の材料（石、金物、ブロックなど）も確認しておく（図6-1）。

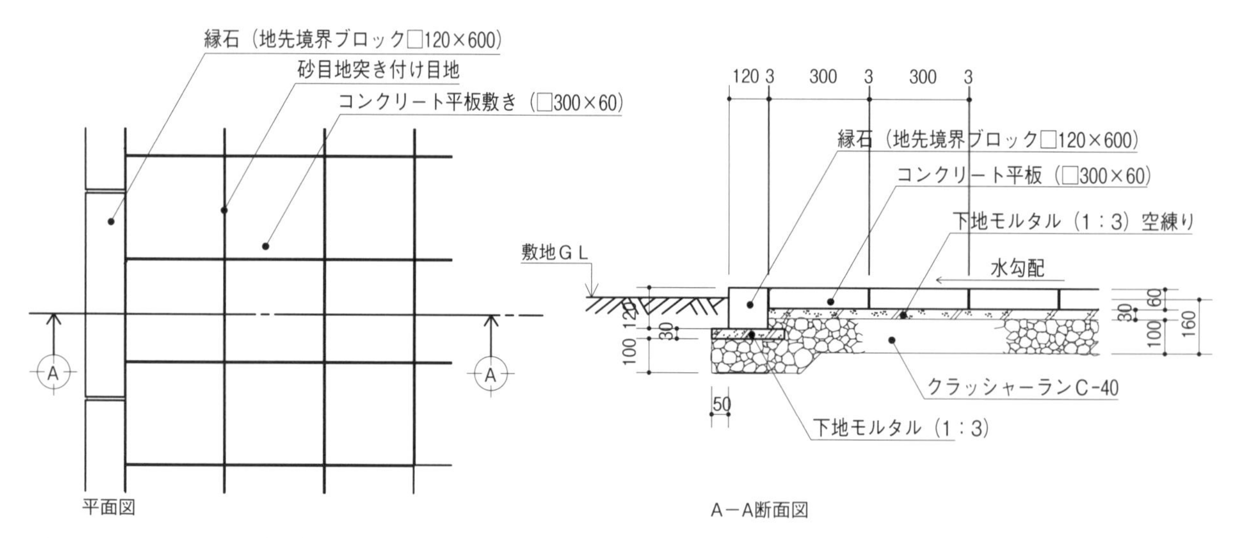

図6-1　コンクリート平板（300 × 300 × 60）敷きの設計図例

ポイント 2　使用重機と講習・資格

床工事における建設機械は、路盤工事でランマー、プレート、振動ローラーを、アスファルト工事ではアスファルトフィニッシャーを使用する（写 6-1 ～ 4）。

このうち自走式のローラーについては「締固め用機械（ローラー）の運転特別教育」という法定講習がある（3t 未満）。タイヤローラーの操作には、同教育に加えて「小型特殊自動車免許」もしくは「大型特殊自動車免許」が必要。手持ちの「プレート」「ランマー」などを使用するときには、「振動工具取扱作業者安全衛生教育」という法定講習がある。講習は労働安全衛生法で定められたものであり、取り扱う作業者全員に対し、安全衛生教育を受けさせることが求められている（表 6-2、3）。

アスファルトフィニッシャーも運転と操作では必要な免許が違い、タイヤローラーと同様に車体の大きさと最高時速で必要な運転免許が変わる。

一方、操作に必要な資格は２つあり、どちらかを持っていればスクリード操作ができる。１つは「車両系建設機械（整地・運搬・積込用および掘削用）運転技能講習」で、大手重機メーカーの教習所で受講できる。２つ目は、「建設機械施工技士」で２級以上が必要。

注）法律は p.103 参照

表 6-2　労働安全衛生法で定められた法定講習

免許区分	法定講習または資格	法律
自走式ローラー（3t 未満）	締固め用機械（ローラー）の運転特別教育	労働安全衛生法第 59 条、施行規則第 36 条第十号
プレート、ランマー	振動工具取扱作業者安全衛生教育	厚生労働省通達「チェーンソー以外の振動工具取扱作業者に対する安全衛生教育の推進について」（昭和 58 年 5 月 20 日、基発第 258 号）
アスファルトフィニッシャー	車両系建設機械（整地・運搬・積込用及び掘削用）運転技能講習 または、２級以上の建設機械施工技士	労働安全衛生法第 61 条、 施行令第 20 条第十二号

表 6-3　公道等を自走する場合の特殊免許の資格

免許区分	運転条件	備考
小型特殊免許	全長 4.7m 以下、全幅 1.7m 以下、全高 2.8m 以下 最高速度時速 15km 以下（農作業用は時速 35km 未満）	普通免許を持っていれば運転できる車に含まれている
大型特殊免許	全長 12m 以下、全幅 2.5m 以下、全高 3.8m 以下	

写 6-1　ランマー

写 6-2　プレート

写 6-3　振動ローラー（ハンドガイド式）

写 6-4　アスファルトフィニッシャー

路盤工事

路盤には車両などの荷重を分散させて路床に伝える役割がある。コンクリート舗装の路盤は耐水性向上とクッションの役割があり、透水性舗装の路盤の場合は、雨水の一時貯留槽の役割を担っている。アスファルト舗装においても路盤はクッションとしての役割が多く、不適切な路盤であると陥没、歪み、亀裂などの原因となる。路盤を締め固めて隙間をなくし、密度を高めて強度を上げることは、表層の仕上げの耐久性や支持力を高める。

ポイント 3　路盤はランマー、プレート、ローラーなどで転圧

路盤材は砕石（C-40・RC-40）や粒度調整砕石（M-40・RM-40）を使い、一層の仕上げ厚は 150mm以下とし、ランマー、プレート、ローラーなどを使用して転圧、締め固める。路盤厚は仕上げ材によって調整する。エクステリア床工事で使用する主な砕石と用途を表 6-4 に示す。

表 6-4　エクステリア床工事で使用する主な砕石の種類　JIS A 5001：2008、5021：2018

種類	呼び名	粒度・用途
クラッシャーラン	C-40	粒度が 40mm ～ 0mm の製品。主に、道路用、下層路盤に使用
	C-10（ダスト）	粒度が 10mm ～ 0mm の製品。 主に、下水管の保護や、埋戻し用の砂として使用
粒度調整砕石	M-40	粒度が 40mm ～ 0mm で使用状況に合わせて粒度を調整した製品。 主に、道路の上層路盤に使用
	M-30	粒度が 30mm ～ 0mm で使用状況に合わせて粒度を調整した製品。 主に、歩道等の上層路盤に使用
再生クラッシャーラン	RC-40	リサイクル材、粒度・用途は C-40 と同じ
	RC-10（再生ダスト）	リサイクル材、粒度・用途は C-10 と同じ
	RC-5（再生砂）	粒度が 5mm ～ 0mm の製品。主に、アスファルトのひき砂等に使用
再生粒度調整砕石	RM-40	リサイクル材、粒度・用途は M-40 と同じ
	RM-30	リサイクル材、粒度・用途は M-30 と同じ
再生アスファルト		粒度が 13mm ～ 0mm の製品。主に、再生アスファルトの原料に使用

リサイクル材には、コンクリートやレンガといった建設廃材を破砕したものが混ぜてある

ポイント 4　設備まわりなどの転圧ができない部分はコンクリートを打設する

設備まわりは、転圧をすることで地中配管などに損傷を与える可能性がある。こうした転圧ができない部分には、表層仕上げで動きや傾きがでないように、コンクリートを打設して固める（写 6-5）。

写 6-5　止水栓まわりを養生して、コンクリートを打設

ポイント 5　路盤表面は不陸なしで仕上げる

路盤表面に不陸があると、表層仕上げ厚が変わるので経年劣化が起こりやすくなる。従って、路盤表面は不陸がないように仕上げる。

【用語説明】

不陸　「ふりく」あるいは「ふろく」と読み、壁面や床面が垂直または水平になっていない、傾いている、凹凸があること。盛土や鋤取りなどの路盤面が平らでない場合や、打設したコンクリートの上面が平らではなく凹凸がある場合に、「不陸がある」という。壁に凹凸があること、平らでないことも「不陸がある」という。

コンクリート床仕上げ

コンクリート床仕上げは構造的な耐久性をもち、施工性に優れている。暑さに対しても表層温度が上昇しにくい性質を持ち、耐流動性、耐摩擦性、耐油性、耐熱性、耐荷重力に優れている。

コンクリート床仕上げの施工手順は次のようになる。また、車両用、歩行用コンクリート舗装の断面を図6-2,3に示す。なお、仮設工事の水盛・遣方は第2章を参照、土工事の鋤取り・掘削・床付けは第4章を参照。

[施工手順]

①砕石搬入・敷均し・転圧：歩行用は砕石厚70mm以上、車両用は砕石厚100mm以上。

②伸縮目地設置：最大15m^{2}以下ごとに設置する（写6-6）。

③溶接金網（メッシュ筋）：150×150×5φ以上の金網を使用。かぶり厚確保のため、コンクリート製やプラスチック製のサイコロを入れる（写6-7）。

④土間枠設置：塀や基礎沿いにも干渉しないように設置する。

⑤外周養生：生コンの跳ねや足元の汚れを防ぐ。

⑥コンクリート打設：歩行用はコンクリート厚70mm以上、車両用はコンクリート厚100mm以上、季節によって養生期間を考慮する。

写6-6　伸縮目地の設置

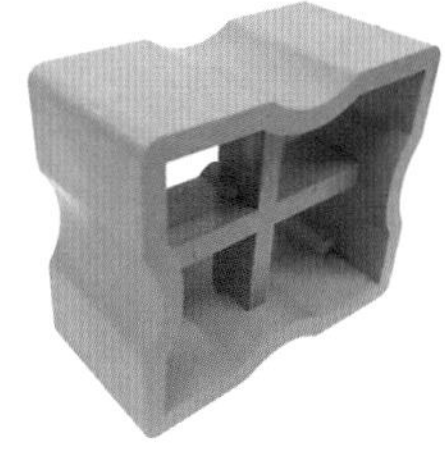

写6-7　サイコロ
上はコンクリート製
下はプラスチック製

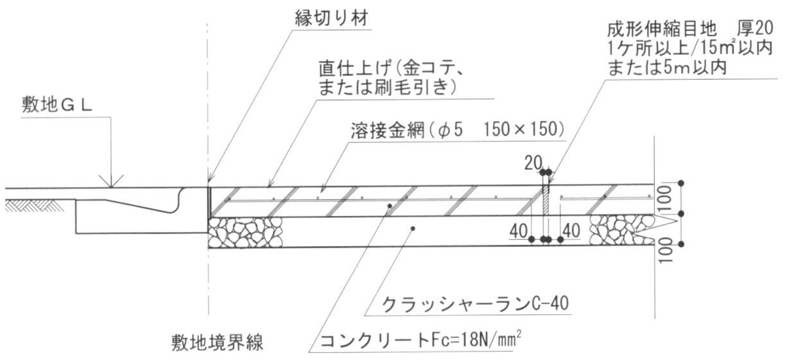

図6-2　車両用コンクリート舗装例

写6-8　車両用コンクリート舗装

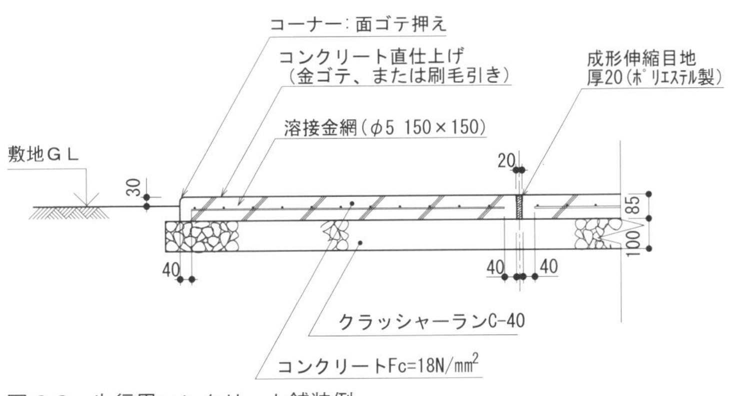

図6-3　歩行用コンクリート舗装例

ポイント6　施工箇所の用途に合わせた舗装、仕上げ、コンクリートを選択

コンクリートは呼び強度18N/mm^{2}以上を使用し、端部は面取りをする。主なコンクリート仕上げを表6-5に、主な機能性コンクリートを表6-6にそれぞれ示す。

床工事

表 6-5　エクステリアの主なコンクリート仕上げ

名称	工法
金コテ仕上げ（写 6-9）	コンクリートの表面をなめらかな状態に仕上げる方法
刷毛ひき仕上げ（写 6-10）	表面を刷毛でなでて仕上げる方法
洗い出し仕上げ	コンクリートが固まる前に表面を洗い落とすことで、石の頭が表れる仕上げ
スタンプコンクリート仕上げ	表面に専用の「型」を押し付けることで模様をつける仕上げ
塗装仕上げ	コンクリートを平らに均して固めた後、専用の塗料を塗って仕上げる方法

表 6-6　エクステリアで使用する主な機能性コンクリート

名称	特徴・用途
透水性・排水性コンクリート	粒度を限定した粗骨材とセメントペーストを練り混ぜたコンクリートで、連続した空隙が存在することによって水や空気が通りやすくなる
水密コンクリート	圧力水が作用するような場所で、水の浸入や透過に対する抵抗性（水密性）を要求される場合に使用される。

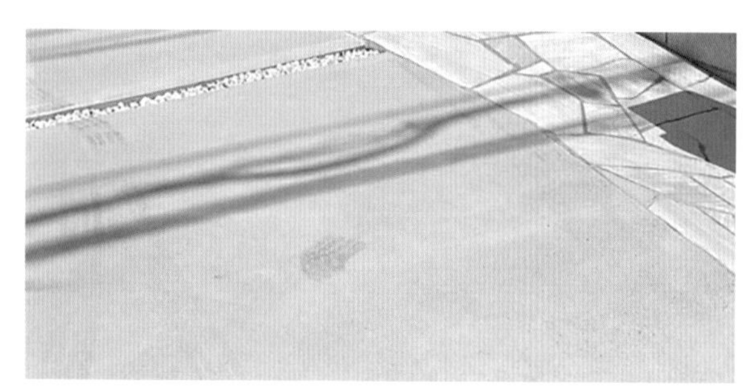

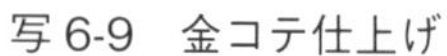

写 6-9　金コテ仕上げ

写 6-10　刷毛ひき仕上げ

ポイント 7　寒中時、暑中時のコンクリート打設

寒中時および暑中時のコンリート打設に関する影響と対策を表 6-7 に示すが、基本的な注意点は次のようになる。

- 寒中時の打設は凍結が起きないように注意する。4℃以下になる場合は、養生マットや混和剤などで凍結を防ぐ（写 6-11）。
- 暑中時の打設はコンクリート温度が上がらないように注意する。コンクリート表面温度は 35℃以下が好ましい。外気温によっては、コンクリート硬化遅延剤の使用を検討する。

表 6-7　寒中時および暑中時のコンクリートへの影響と対策

	寒中コンクリート	暑中コンクリート
状況	日平均温度 4℃以下になることが予想される場合	日平均温度 25℃を超えることが予想される場合
影響	コンクリートが固まるのが遅くなる 凍結して耐久性が低下する	コンクリートが固まるのが速くなる 水分が急速に蒸発して耐久性が低下する
対策	●セメント以外の材料を暖めてコンクリートの温度を高める ●凍結への抵抗性を増す微細な空気を混入する混和剤（AE 剤）を使用する ●所要の強度が得られるまでの保温養生を行う　など	●水和熱の小さいセメントを使用する ●コンクリートの温度を 35℃以下となるようにセメント以外の材料を冷却する ●固まるのが遅くなる混和剤を使用する　など

写 6-11　寒中時は表面凍結を防ぐためにコンクリート専用マットによる養生を行う

ポイント 8　亀裂防止対策

コンクリートの亀裂を防止するため、次のような対策を行う。

- 基礎や塀などの接面部には、床コンクリートが直接つかないようにする。目地材を入れることや隙間をあけることで、亀裂防止になる（写 6-12）。

写6-12　ブロックや基礎の接面部（特に隣地境界ブロック面）には砂利目地や伸縮目地を入れる

写6-13　溶接金網（ワイヤーメッシュ）

写6-14　伸縮目地を入れることで床の亀裂を目地に誘発することができる（誘発目地）

- コンクリート内には亀裂防止のために鉄筋や溶接金網（ワイヤーメッシュ）を入れる。溶接金網はϕ5mm以上を使用する（写6-13）。
- 亀甲クラックは、昼夜の寒暖差により、コンクリートが膨張や収縮することが原因であるので、伸縮目地などを使用して亀裂を防止する。ガレージ土間などは15～20m^{2}ごとに目地を入れる（写6-14）。

ポイント 9　滞水ができないように排水勾配を施す

コンクリート仕上げ床面には2％程度の勾配を付けて、滞水ができないようにする。勾配が取れない場所などは、透水性コンクリート（ポーラスコンクリート）材を使用する（写6-15）。

ポイント 10　養生、清掃の注意点

- 洗い出し仕上げ（下地コンクリート上や生コン直洗い出し）は外気温により硬化遅延剤の使用を考慮する。また、洗い出しコンクリートなどの表面の洗い水は道路排水溝に流さない。排水するときは、道路排水溝内で固まらないように清掃を徹底する（写6-16、17）。
- コンクリート打設時は、飛び跳ねなどを防ぐために、基礎やブロックに養生を施す（写6-18）。
- 毎日、工事完了時には道路の水洗いや清掃を徹底する。

写6-15　透水性コンクリートは雨水などを透水し、勾配の取れない場所に有効（ゲリラ豪雨にも対応）

写6-16　直洗い出しコンクリート仕上げ

写6-17　直洗い出し硬化遅延剤散布後のビニールフィルム養生

写6-18　基礎の養生

インターロッキングブロック舗装仕上げ

インターロッキングブロックは一般呼称であり、JISではプレキャスト無筋コンクリート製品（JIS A 5371：2016：推奨仕様 B-3）に品質規格が定められている。インターロッキングは“かみ合わせる”という意味であり、荷重のかかった時に目地砂により相互のかみ合わせ効果（荷重分散効果）が得られる舗装ブロックである。同一のインターロッキングブロックを敷き詰めるだけでなく、ブロックを組み合わせたデザイン仕上げや、土間コンクリートとの組合せなどができる（写6-19、20）。

インターロッキングブロック舗装仕上げの施工手順は次のようになる。また、車両用、歩行用のインターロッキング舗装の断面を図6-4,5に示す。なお、仮設工事の水盛・遣方は第2章を参照、土工事の鋤取り・掘削・床付けは4章を参照。

［施工手順］

①砕石搬入・敷均し・転圧：歩行用は砕石厚100mm以上、車両用は砕石厚150mm以上、歩道や道路は自治体などの仕様書に従う。

②下地コンクリートまたは舗装：必要に応じて敷設する。コンクリートの場合は水抜きパイプを設置する。舗装の場合は透水性舗装を使用。舗装下地の場合は外周養生を施す。

③透水シートの設置：敷砂の流出を防ぐために設置するもので、透水シートの重ね厚は100mm程度とする。

写6-19　インターロッキンググブロックの施工

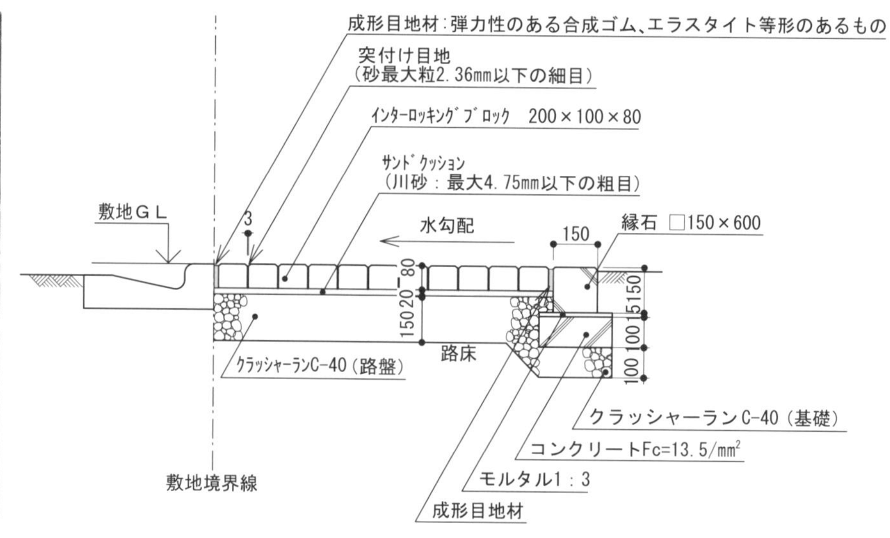

図6-4　車両用インターロッキングブロック舗装例

写6-20　インターロッキンググブロック舗装仕上げ

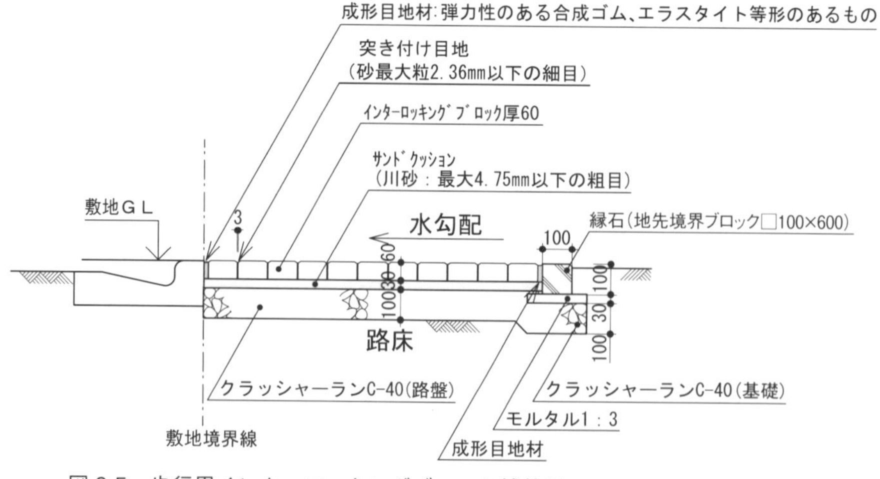

図6-5　歩行用インターロッキングブロック舗装例

④敷砂（サンドクッション）：歩行用は敷砂厚 30mm 以下、車両用は敷砂厚 20mm 以下。シルトや泥分が少なくゴミ、小石を除いた砂を使用する。不陸をなくしてプレートで転圧する。舗装面の締固めで 3mm 程度下がることを考慮しておく。

⑤見切り：舗装端部には見切り縁石などを設置する。

⑥敷設：歩行用はインターロッキングブロック厚 60mm 以上、車両用はインターロッキングブロック厚 80mm 以上。一方方向から目地幅調整をしながら設置する。端部には短辺寸法の 1/2 以下のものは使用しないこと。見切り縁石などがない場合はコンクリートで固定する。締固めはプレートなどで破損が生じないように注意し、目地詰めは珪砂を使用して充填する。

ポイント 11　用途に合わせた材料を選択

舗装の性能を確保するには、品質、目地材、敷砂の適切な粒度組成、高い締固め度、細粒化、高お抵抗性が要求される。施工する場所の用途や機能に合わせた材料を選択する。JIS の製品規格を表 6-8 に示す。

表 6-8　種類と性能（JIS A 5371：2016：推奨仕様 B-3 より作成）

種類	略号	呼び（厚さ区分、mm）	曲げ強度による区分	曲げ強度（N/mm^2）	圧縮強度（N/mm^2）	主な用途
普通ブロック	N	60、80	3	3.0	17.0	主に歩道用
			5	5.0	32.0	主に歩道、車道用
透水性ブロック	P	60、80	3	3.0	17.0	主に歩道用
			5	5.0	32.0	主に歩道、車道用
保水性ブロック	M	60、80	3	3.0	17.0	主に歩道用
			5	5.0	32.0	主に歩道、車道用

ポイント 12　地盤の弱い場所への施工は避けて、不陸なく仕上げる

地盤が弱いと不陸発生の原因になるので施工しない。やむを得ず施工する場合は、下地を舗装などにして水抜き（排水溝）を設置する。

その他、インターロッキングの不陸防止や、施工の注意事項は次の通り。

- 転圧は砕石下地、敷砂下地ともに施し、下地砕石の不陸をなくす。
- 砕石と敷砂の間に透水シートを入れる。
- 敷砂の厚みは中目砂（3.0mm 以下）、粗目砂（5.0mm 以下）を使用しメーカー仕様に従う。
- 敷砂の流出を防止して不陸発生を防ぐ
- 敷砂に空練りなど（セメント成分）は使用しない。セメント成分が浮き上がり、白華事象の原因になる。

ポイント 13　端部の処理

端部には、100mm 以下の小さな切物を入れない。端部はモルタルなどで固定処理をする（写 6-21、22）。

写 6-21　写真のような切りものを端部には設けない

写 6-22　端部には見切り縁石などを設ける

アスファルト舗装

アスファルトには、原油を蒸留して製造する石油アスファルトと天然に存在する天然アスファルトがあり、日本では一般に石油アスファルトを使用してる。アスファルトは暗褐色ないし黒色で、常温では固体だが、加熱することで容易に溶解する性質がある。道路や駐車場などで使用するアスファルト混合物は、アスファルト原液に粗骨材（石や砂利）と細骨材（砂）を混ぜてつくる。粗骨材と細骨材の割合によってアルファルト混合物の種類が変わる。また、再生アスファルトは、傷んで撤去されたアスファルト舗装などを破砕して再生したものである。スラグ入りアスファルトは、溶融スラグ（金属精錬で発生する非金属性の不純物）を含むものをいう。

アスファルト舗装の施工手順は次のようになる。また、車両用、歩行用のアスファルト舗装の断面を図 6-6、7 に示す。なお、仮設工事の水盛・遣方は第 2 章を参照、土工事の鋤取り・掘削・床付けは第 4 章を参照。

[施工手順]

①砕石搬入・敷均し・転圧：歩行用は砕石厚 100mm 以上、車両用は砕石厚 150mm 以上。公道は自治体などの仕様書に従う。不陸を起こさないように整正し、転圧する。

②周辺養生：アスファルト材がはねることによる汚れを防ぐ。足元の汚れを引かないように防止する。

③敷均し・密粒度：歩行用は舗装厚 30mm 以上。車両用は舗装厚 40mm 以上。２層舗装の場合は、歩行用が２層で舗装厚 50mm 以上、車両用が２層で 100 m m以上。密粒度の場合は、路盤上にプライムコートを散布。２層舗装の場合は基層上にタックコートを散布する。

③敷均し・開粒度：歩行用は舗装厚 30mm 以上。車両用は舗装厚 40mm 以上。

④転圧締固め：プレートやローラーを使用して不陸なく転圧する。端部はタンパなどで締固め転圧を行う。

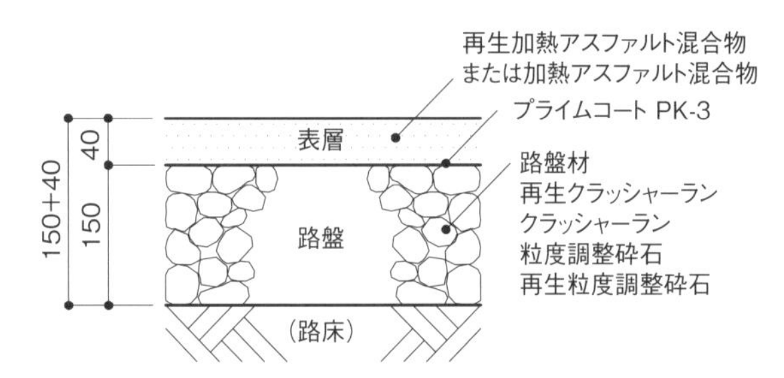

図 6-6　車両用アスファルト舗装例

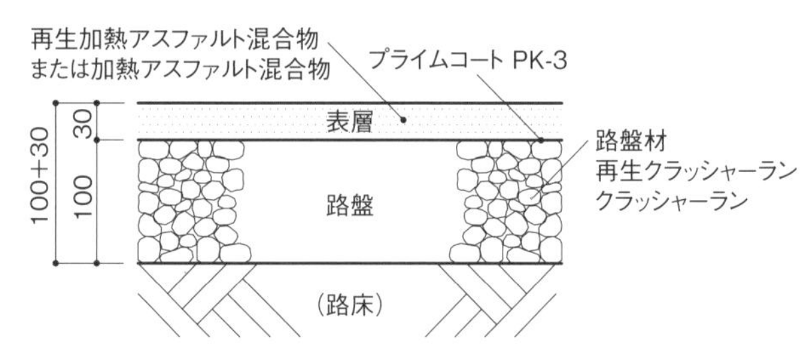

図 6-7　歩行用アスファルト舗装例

ポイント 14　用途に合わせたアスファルトの種類を選択

アスファルト舗装の構成は一般に、表層（大型車などが利用する場合は、表層と基層の２層にする）、路盤からなり、最上部の表層は加重を分散して路面機能を確保し、荷重を路盤に均一に伝達する。表層は、アスファルト混合所において製造されたアスファルト混合物を用いて層を形成する。

アスファルトの厚さ、アスファルト混合物の種類を表 6-9、10 に、それぞれ示す。

表 6-9　アスファルトの厚さ

部位	厚さ	その他
車両用（駐車場）	表層部 40 ～ 50mm 路盤は約 150 mm	●開粒度を使用する場合は路盤下に 100mm のフィルター層 ●大型車が入る場合や車道は基層、表層の２層にする
歩行用	表層部 30 ～ 40mm 路盤は約 100mm	●開粒度を使用する場合は路盤下に 100mm のフィルター層

表 6-10　アスファルト混合物の種類と特徴

種類	特徴
密粒度アスファルト混合物（20、13）	一般的に使用される舗装材
細粒度アスファルト混合物（13）	耐水性やひび割れに抵抗力がある
密粒度アスファルト混合物（20F、13F）	フィラー（充填剤）を多く添加している
細粒度アスファルト混合物（13F）	流動性は劣るが摩擦性と滑り抵抗がある
開粒度アスファルト混合物（13）	滑り抵抗や透水性があるが摩擦性は劣る
ポーラスアスファルト混合物（20、13）	積雪地や急勾配地に採用される

（　）内の数字は最大粒径を表す
アスファルトの粒度は、歩行用舗装 13 mm、車両用舗装 20 mm
F はフィラーを多く使用していることを示し、主に寒冷地域で使用される混合物

ポイント 15　目的に応じた乳剤の選択

アスファルトは一般的に加熱して液状で使用されるが、常温で取り扱えるように工夫したものをアスファルト乳剤という。アスファルト乳剤は主として舗装の表面処理、安定処理、プライムコートおよびタックコートなどに使用されている。乳剤散布は周囲への飛散に注意する。

用途別の乳剤の種類と目的を表 6-11 に示す。

【用語説明】

プライムコート　　路盤表面の安定、水分の浸透防止、路盤からの水分の毛管上昇を遮断するために行われるコーティング作業の一種。

タックコート　　表層と中間層や基層との接着のために行われるコーティング作業の一種。

表 6-11　用途別の乳剤の種類と目的　JIS K 2208:2000

種類			記号	用途
カチオン乳剤	浸透用	1 号	PK-1	温暖期浸透用及び表面処理用
		2 号	PK-2	寒冷期浸透用及び表面処理用
		3 号	PK-3	プライムコート用及びセメント安定処理層養生用
		4 号	PK-4	タックコート用
	混合用	1 号	MK-1	粗粒度骨材混合用
		2 号	MK-2	密粒度骨材混合用
		3 号	MK-3	土混り骨材混合用
ノニオン乳剤	混合用	1 号	MN-1	セメント・アスファルト乳剤安定処理混合用

P：浸透用乳剤（Penetrating Emulsion）
M：混合用乳剤（Mixing Emulsion）
K：カチオン乳剤（Kationic Emulsion）
N：ノニオン乳剤（Nonionic Emulsion）

ポイント 16　敷均し、転圧、仕上げの注意点

アスファルト舗装の敷均し・転圧・仕上げの施工における注意事項は次のようになる。

- アスファルト混合物が均一な仕上げ厚さが得られるように敷均しをする（写 6-23）。
- アスファルト混合物の温度が 110 度を下回らないようにして、平坦性を確保しながら敷均しをする。
- アスファルト舗装の締固めは継目転圧・初期転圧・二次転圧・仕上げ転圧の順になる。
- アスファルト混合物が 110 ～ 140 度の時にローラーなどを用いて初期転圧をする（写 6-24）。
- 二次転圧は、粗骨材の配列が安定化してから行い、緻密な表面を形成して層を均一に締固める。終了時は 80 度前後にする。
- 舗装表面温度が 50 度以下になってから交通開放して、初期変形を抑制する。

写 6-23　アスファルト敷均し

写 6-24　ローラーによる転圧

●エクステリア工事では、端部は縁石などの見切り材を使用して舗装止めとする（図 6-8、写 6-25）。

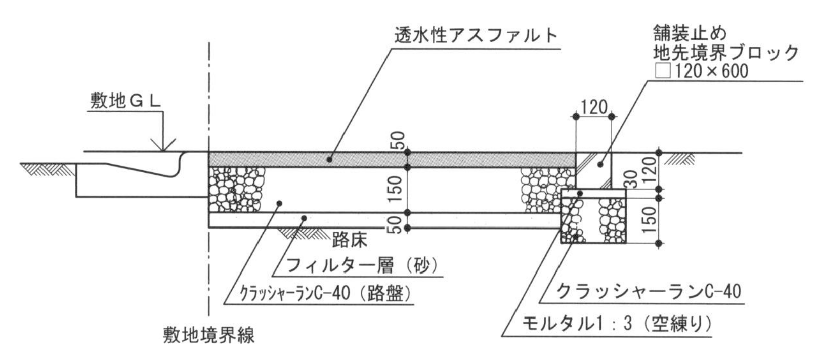

図 6-8　透水性アスファルト舗装駐車場の端部処理例

写 6-25　アスファルト舗装端部

レンガ舗装仕上げ

レンガは、自然の中にある土を天日干ししたものや、高温（約 1100 度前後）で焼成したもので、舗装用と組積用に分かれている。レンガを舗装に使用した場合の特徴を表 6-12 に、製造別の特徴を表 6-13 にそれぞれ示す。

表 6-12　舗装レンガの特徴

項目	特徴
透水性	雨天時の快適な歩行を維持するための透水性に優れている
保水性	ヒートアイランド現象の抑制につながる保水性も備えている
景観性	れんがの材料である土の持つ自然色調で、さまざまな空間に調和する
耐久性	強度に優れ、古い建物が現存しているように耐久性は実証されている
経済性	部分補修が容易にでき、再利用化が確立されている

表 6-13　製造別レンガの特徴

種類	特徴
日干しレンガ	2～3日天日干し乾燥させたもの。給水率が高く水に強いが耐火性は低い
焼きレンガ	乾燥後高温で焼いたもの。耐火性が高いが給水率は低く水には弱い

レンガ舗装仕上げの施工手順は次のようになる。また、車両用、歩行用のレンガ舗装の断面を図 6-9、10 に示す。なお、仮設工事の水盛・遣方は第 2 章を参照、土工事の鋤取り・掘削・床付けは第 4 章を参照。

［施工手順］

①砕石搬入・敷均し・転圧：歩行用・車両用ともに砕石厚 100mm 以上とし、不陸を起こさないように整正し、転圧する。

②下地コンクリート：必要に応じて敷設する。車両用は下地コンクリート 50mm 以上。水抜きパイプを設置し、溶接金網 150 × 150 × 5 ϕ 以上を敷設する。

③透水シートの設置：敷砂の流出を防ぐために設置する。透水シートの重ね厚は 100mm 程度とする。

④敷砂（サンドクッション）：歩行用・車両用ともに敷砂厚 30mm 以下で、シルトや泥分が少なくゴミ・小石を除いた砂を使用し、不陸をなくしてプレートで転圧する。舗装面の締固めで 3mm 程度下がることを考慮する。

⑤見切り：舗装端部には見切り縁石などを設置する。

⑥敷設：歩行用・車両用ともにレンガ厚 40 ～ 100mm。一方方向から目地幅を 2 ～ 3mm に調整しながら設置する。端部には短辺寸法の 1/2 以下のものは使用しない。見切り縁石などがない場合は、コンクリートで固定する。締固めはプレートなどで破損が生じないようにする。目地詰めは珪砂を使用して充填する。

ポイント 17　用途に合わせたレンガと舗装構造の選択

レンガには、国内産の普通レンガ（JIS R 1250:2011）の規格に準じるものと輸入レンガがあり、輸入レンガは各国の標準形状によっている。なお、JIS R 1250 には、外壁仕上げなどに使用される化粧レン

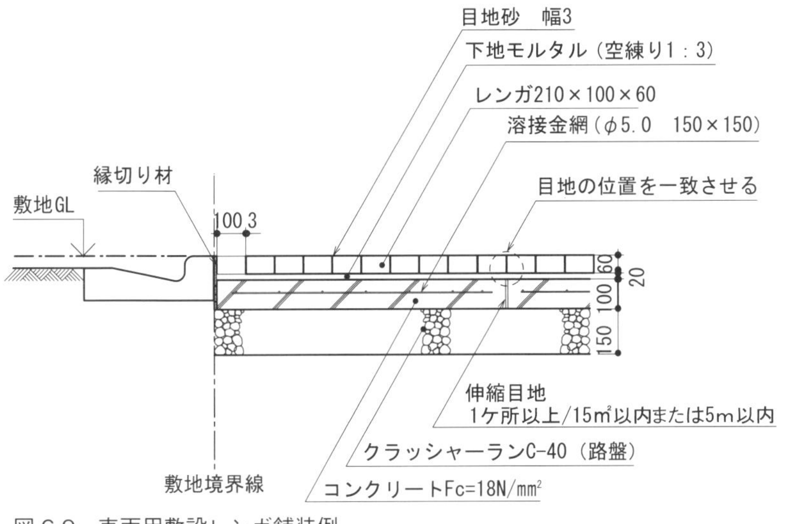

図 6-9　車両用敷設レンガ舗装例

写 6-26　ヘリンボーン（あじろ）パターンのレンガ敷き

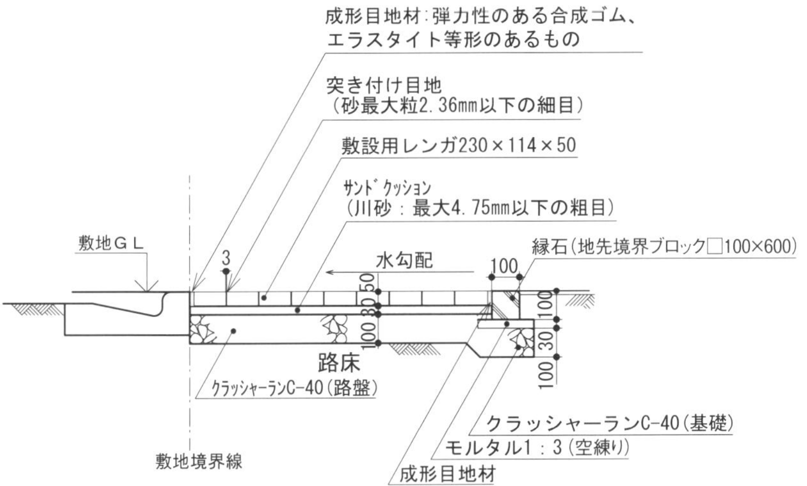

図 6-10　歩行用敷設レンガ舗装例

写 6-27　馬踏み目地のレンガ敷き
（写 6-26、27：ロイヤルパイン・ペイバー／エスビック）

表 6-14　レンガの性能による区分（JIS R 1250）

種類（記号）	区分	性能	
		吸水率（%）	圧縮強度（N/mm²）
普通れんが（N）	2 種	15 以下	15 以上
	3 種	13 以下	20 以上
	4 種	10 以下	30 以上

表 6-15　レンガの形状による区分（JIS R 1250）

中実	孔あき（孔の形状、寸法、数については規定なし）

表 6-16　寸法による区分

国産レンガ（JIS R 1250）	ヨーロッパ産レンガの例	オーストラリア産レンガの例
mm 項目 / 長さ / 幅 / 厚さ 寸法 / 210 / 100 / 60 許容差 / ± 5.0 / ± 3.0 / ± 2.5 210 / 100 / 2.5kg/ 枚（JIS 規格なし） 210 / 60 / 100 / 60	2.2kg/ 枚 215 / 45 23 45 / 102.5 / 50 215 / 65 / 102.5 / 65	2.9kg/ 枚 230 / 57.5 15 57.5 / 110 / 50 230 / 57.5 15 57.5 / 76 / 110 / 50 / 76

ガも規定されているが、ここでは対象としない。輸入レンガについては、使用目的に適合した製品を選択する。吸水率の高いレンガは、風通しと日当たりのよい場所で使用する。日の当たらない場所ではコケが生えやすい。

JIS などに規定されているレンガの区分を表 6-14 ～ 16 に示す。

床工事

ポイント 18　割れに注意して施工

レンガ歩道では、敷砂が厚すぎると車両などの重さで割れる可能性が高くなるので注意する。また、レンガ同士が触れ合うことで角割れの原因になるので、レンガ間に若干の目地をあけて砂目地にする。

下地にコンクリート成分があると白華事象の原因になるため、下地にモルタルなどを使用する場合は、吸水率の低いものを使用する。

タイル仕上げ

タイルは、石や粘土からなる生地を高温で焼成し、釉薬によってデザイン性や機能性を付加した外装材、舗装材、化粧材をいう。材質は吸水性の違いによって陶器質・炻器質・磁器質に分けられる。また、屋内用の壁・床と屋外用の壁・床に区分されている。外装タイルは、タイル自体の経年劣化はほとんどないが、施工時の不具合により剥離や欠損、ひび割れなどが起こることがある（表 6-17）。

タイルは、他の仕上げ材に比べてイニシャルコストがかかる反面、耐候性や耐久性があり、また、デザインが豊富なことで広く選択されている。

床のタイル仕上げの施工手順は次のようになる。また、車両用、歩行用の床タイル仕上げの断面を図 6-11、12 に示す。なお、仮設工事の水盛・遣方は第 2 章を参照、土工事の鋤取り・掘削・床付けは第 4 章を参照。

［施工手順］

①砕石搬入・敷均し・転圧：歩行用・車両用ともに砕石厚 100mm 以上で、不陸を起こさないように整正し、転圧する。

②下地コンクリート：必要に応じて敷設する。歩行用は下地コンクリート 85mm 以上、車両用は下地コンクリート 100mm 以上。溶接金網 150 × 150 × 5 φ以上を敷設する。

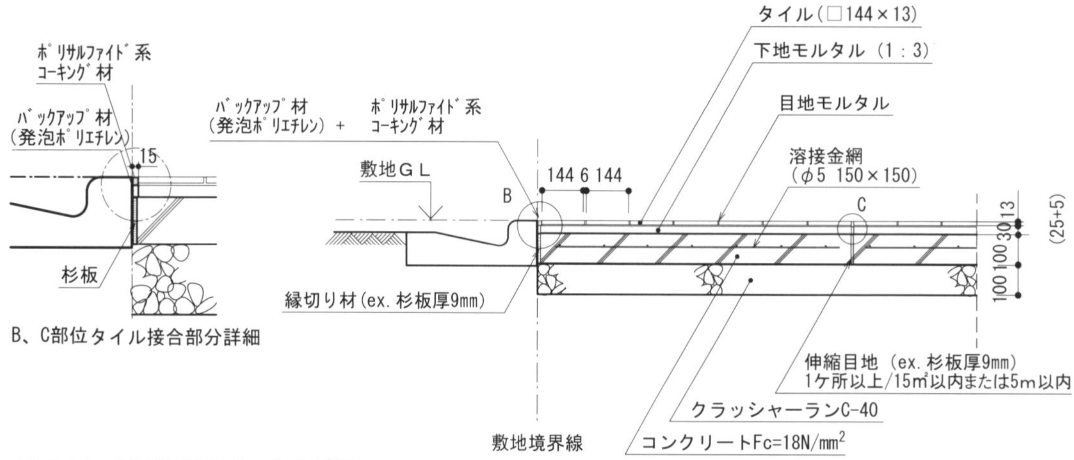

図 6-11　車両用床タイル仕上げ例

表 6-17　タイルの種類

区分	特徴	吸水率
磁器タイル	素地は透明性があり、緻密で硬く、叩くと金属製の清音を発する。破砕面は貝殻状を呈する	1.0%以下
炻器タイル	磁器のような透明性はないが、焼き締まっていて吸水性が小さい。土物タイルはこの区分に入る	5.0%以下
陶器タイル	素地は多孔質で吸水性が大きく、叩くと濁音を発する。	22%以下

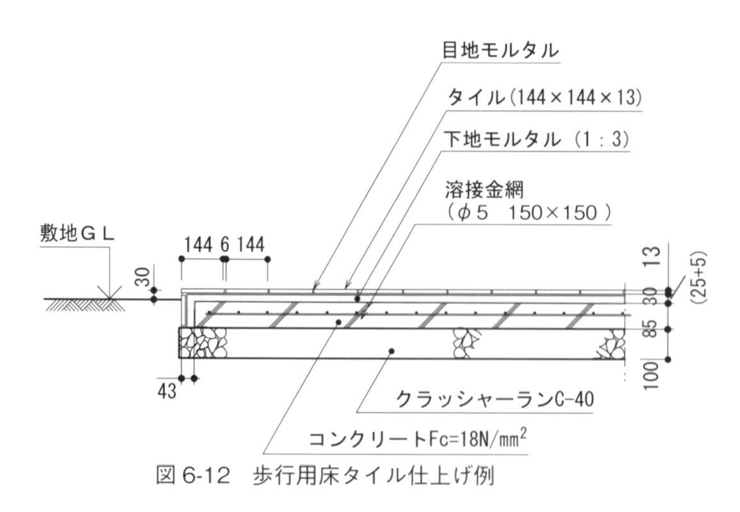

図 6-12　歩行用床タイル仕上げ例

③敷モルタル：歩行用はバサモルタル（下地モルタル）30mm程度、車両用はバサモルタル20mm程度とする。

④張付け：敷モルタルの場合はセメントペースト張り、車両用は圧着張りが好ましい。

⑤目地：目地詰めは、タイル張り後24時間以上経過してから行う。

ポイント19　用途に合わせたタイルの選択と張りパターン

床タイルは滑りにくく歩きやすいこと、磨耗や衝撃に強いこと、さらに汚れにくく、容易に洗い流せることなどが要求されるので、磁器質および炻器質のものが用いられる。また、滑りにくく、磨耗しても色の変化がない無釉タイルを使用することが多い。タイルの統一規格として、JIS A 5209:2020がある（表6-18）。

屋外の床タイルの張りパターンは100mm角程度から、600mm角を超える大形のものまである。タイルの目地割りの主なパターンを図6-13に示す。

表6-18　成形方法および吸水率による種類（JIS A 5209）

成形方法	吸水率		
	Ⅰ類（3.0%以下）	Ⅱ類（10.0%以下）	Ⅲ類（50.0%以下）
押出し成形（A）＊1	AⅠ	AⅡ	AⅢ
プレス成形（B）＊2	BⅠ	BⅡ	BⅢ

＊1　素地原料を押出し成形機によって板状に押出し、所定の形状・寸法に切断して成形する方法

＊2　微粉砕された素地原料を、高圧プレス成形機で所定の形状・寸法に成形する方法

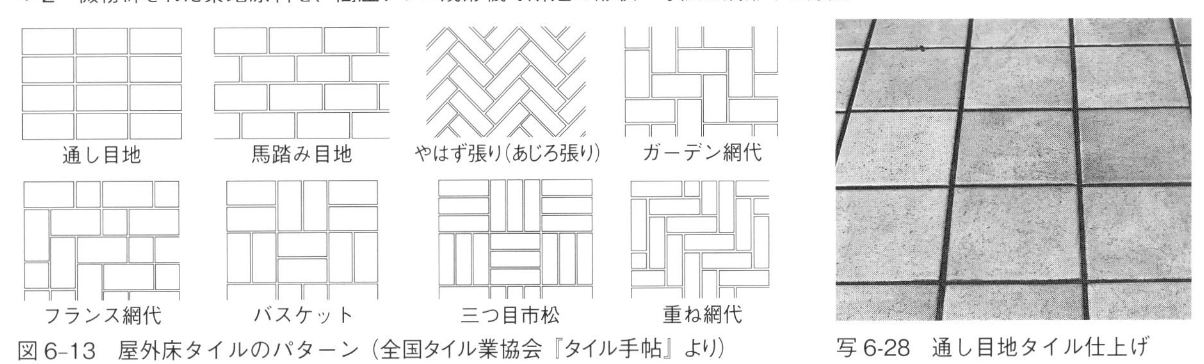

図6-13　屋外床タイルのパターン（全国タイル業協会『タイル手帖』より）

写6-28　通し目地タイル仕上げ

ポイント20　バサモルタルを使用

下地にはバサモルタル（下地モルタル）を使用し、厚さは30mm程度にする。ただし、車両対応部は20mm以内とする。バサモルタルは水分比率が低く、ひび割れ防止になるが、下地コンクリートに水分が吸収されて水和反応が阻害されることで、正常な凝結ができないドライアウトに注意する。ドライアウトを防ぐために散水や接着増強剤を塗布する。

ポイント21　車両対応部にはひび割れ防止対策

車両用や駐車場のタイル仕上げでは、ひび割れが発生しないように、次の点に注意する。

- 厚みのある車両用タイルを使用する。
- 大判タイルより小さなタイルのほうがひび割れが発生しにくい。
- 下地から小口を出すときは補強をする。

ポイント22　白華対策、その他

- タイル目地から白華事象が起きないように、タイル下地部には水分が浸水しないようにする。
- 建築物、構築物とタイルは縁を切る（隙間をあけて施工）。隙間（目地）にはシーリング処理や緩衝材を使用する。

石張り仕上げ

床の石張り仕上げは、自然素材の持つ温かみや微妙な色むらが好まれ、エクステリアにおいても多くの現場で見られるようになってきた。海外から輸入された比較的安価な自然石や、国産材の自然石を使用したものや、自然石の割肌テクスチャーを持った擬石も多く使われている。仕上げは、乱形張り、方形張り、小口張りなど様々な形で施工されている。自然石、擬石ともに耐久性や耐候性に優れており、経年劣化はほとんどないが、施工時の不具合によって剥離や割れも発生する。

床石張り仕上げの施工手順は次のようになる。また、車両用、歩行用の床石張り仕上げの断面を図6-14、15に示す。なお、仮設工事の水盛・遣方は第2章を参照、土工事の鋤取り・掘削・床付けは第4章を参照。

[施工手順]

①砕石搬入・敷均し・転圧：歩行用・車両用ともに砕石厚100mm以上で、不陸を起こさないように整正し、転圧する。

②下地コンクリート：必要に応じて敷設する。歩行用は下地コンクリート85mm以上、車両用は下地コンクリート100mm以上とし、溶接金網150 × 150 × 5 φ以上を敷設する。

③張付け：敷モルタルは20 ～ 25mm程度にする。目地幅は10mm程度で統一し、化粧目地仕上げをする。通し目地などの不適切な張り方はしない。

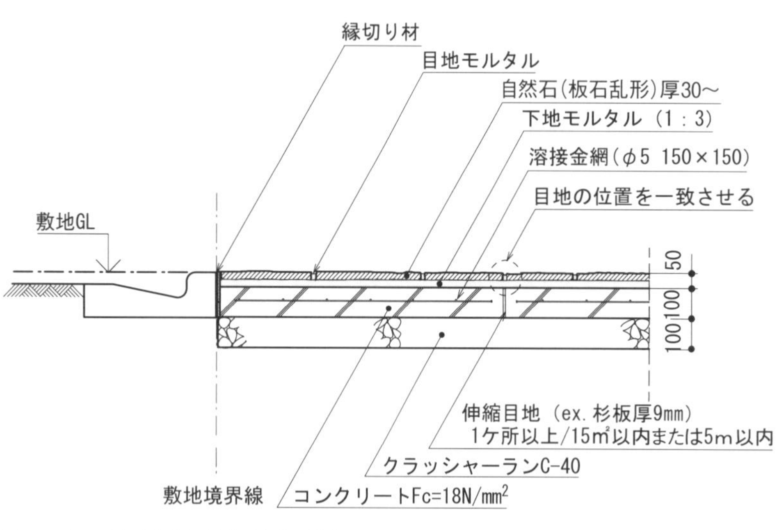

図6-14　車両用床石張り仕上げ例

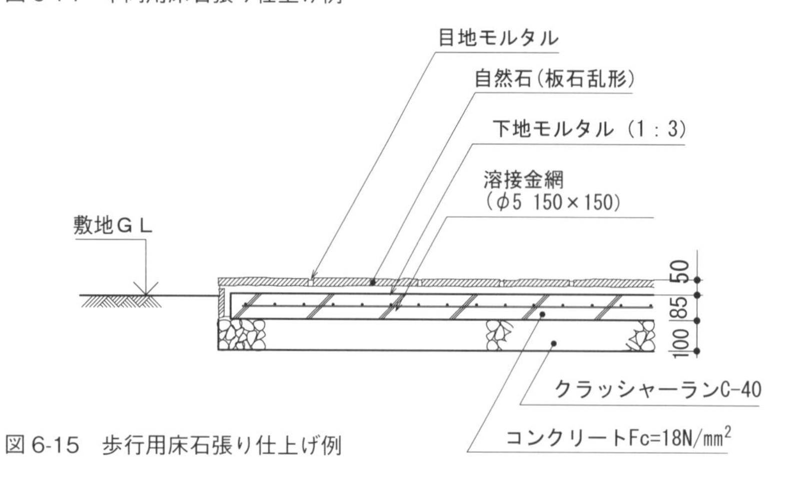

図6-15　歩行用床石張り仕上げ例

写6-29　自然石アプローチ

写6-30　方形石材

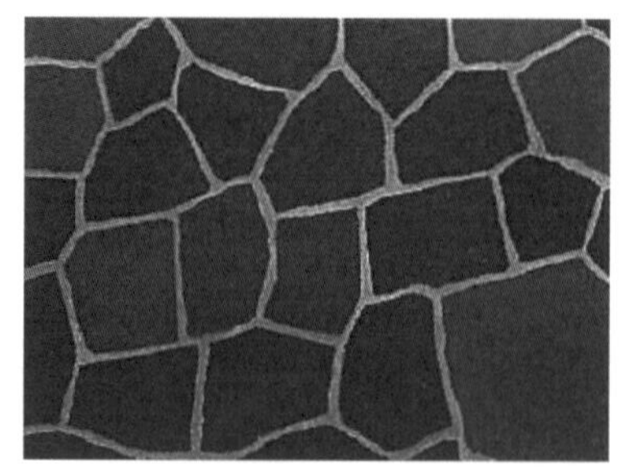

写6-31　乱形石材

床工事

ポイント 23　用途に合わせた石材の選択

屋内用材料を外部では使用しないのは当然であるが、安全のために磨き材などの滑りやすい材料も使用しない。耐久性に関しては、石灰岩は「雨水に溶ける」という性質があり、風化や劣化が著しいので、外部での使用を控える。主な自然石の特徴を表 6-19 に示す。

表 6-19　主な自然石の種類と特徴

種類	特徴
鉄平石	国産材（長野県中心）で暗褐色・濃灰色が入り混じり、伝統的な和風住宅等に使用されることが多い。門柱の小口張りや塀に使用、床に乱形で施工されることも多い。機械切りをせず、手ばつりにより割肌の良さを出している。
石英岩	北欧やブラジル産が多くなっている。白・ピンク・グリーン等明るく光沢があるものが多く門廻りやアプローチ等を明るく仕上げている。ほとんどの施工は機械切りで職人の技とセンスで仕上がりが変わってくることが多い。
粘板岩	インドやブラジル産が多くなっている。国産では玄昌石が有名。色も輸入材は明るい薄茶色やピンクが多いが、国産材は黒色が主。
砂岩	インドやオーストラリア産が中心。やはり明るい色が多い。柔らかな質感と風合いが特徴だが、吸水性が高く経年劣化で剥離しやすくなっている。歩行路に使用されることが多い。車両路だと割れることもある。

ポイント 24　通し目地、四ツ目地、八ツ巻などなく割付け

石材による床仕上げは、形状によって乱形と方形に分けられる。目地は、通し目地、四ツ目地、八ツ巻などがないように割り付ける。乱形張りの場合は、石のみなどで自然な形に石を加工、調整して、目地を施す（図 6-16）。

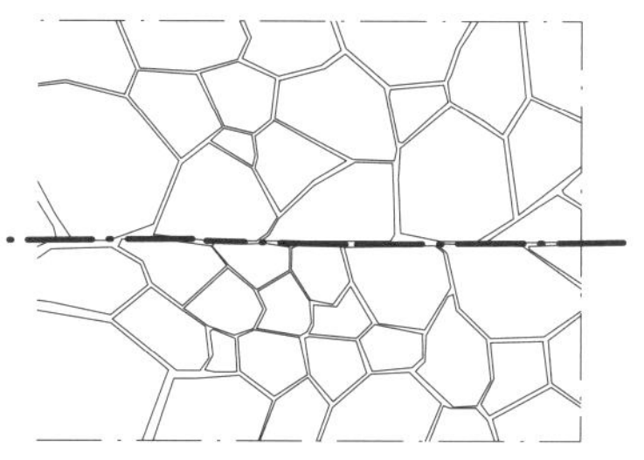
通し目地

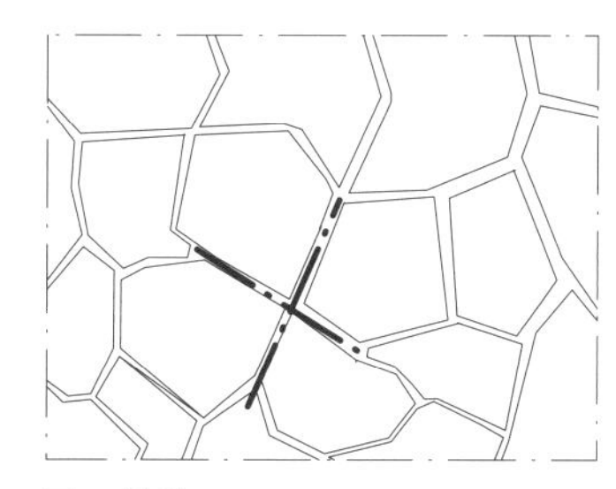
四ツ目地

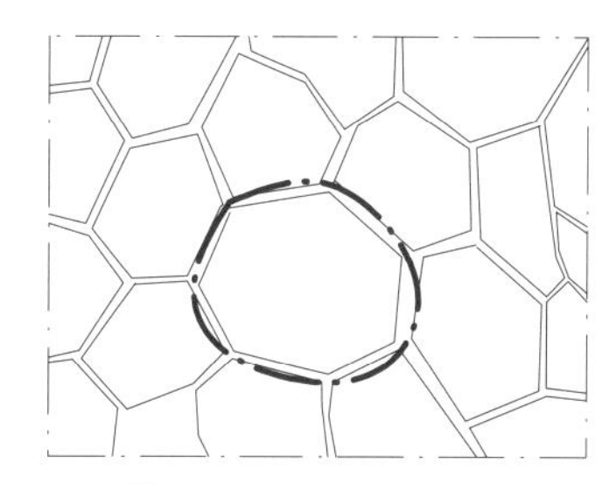
八ツ巻

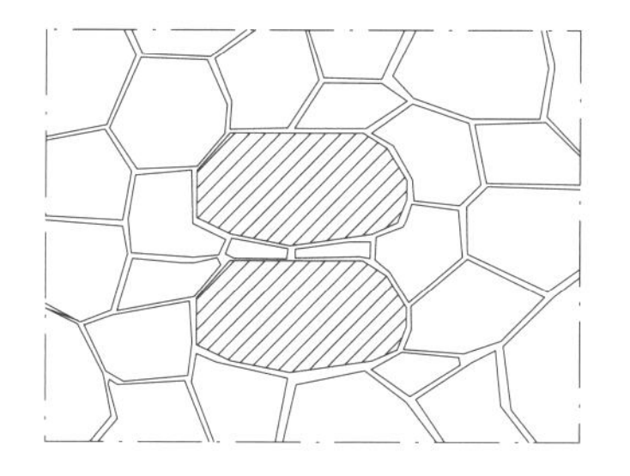
同大、同形の石が並ぶ

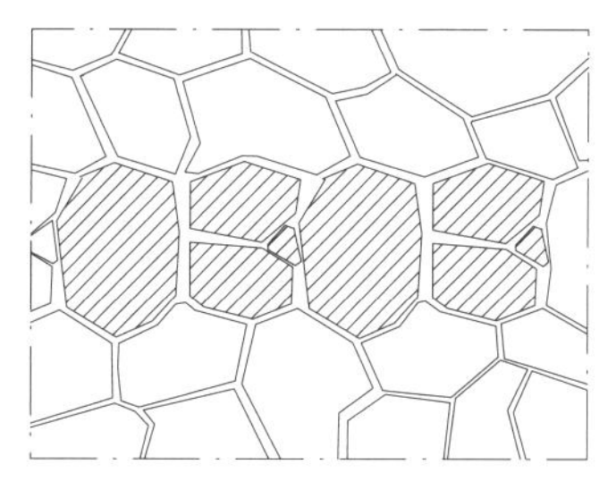
同じ模様の繰返し

図 6-16　不自然な自然石の張り方

ポイント 25　白華対策、勾配、不陸

- 下地は空練りよりもモルタルを使用した方が白華しにくい。
- 排水床勾配は、コンクリートなどよりも大きくとる（2％以上）。
- 自然石は、表面に凸凹がないように施工する（割石の凸凹）。

左官仕上げ

床の左官仕上げとは、コテを用いて床を仕上げることであり、エクステリアでは欠かせない工事である。仕上げには様々な種類があるが、一般的にはコンクリートコテ押さえや洗い出し仕上げ、モルタル仕上げ、樹脂仕上げ、珪藻土仕上げ、掻き落とし仕上げなどとなる。

車両用、歩行用の砂利洗い出し仕上げの断面を図 6-17、18 に示す。

床工事

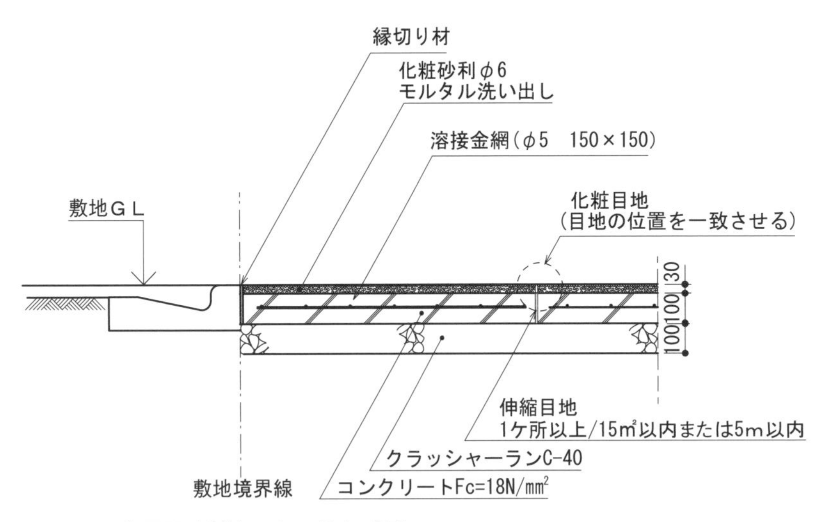

図 6-17　車両用砂利洗い出し仕上げ例

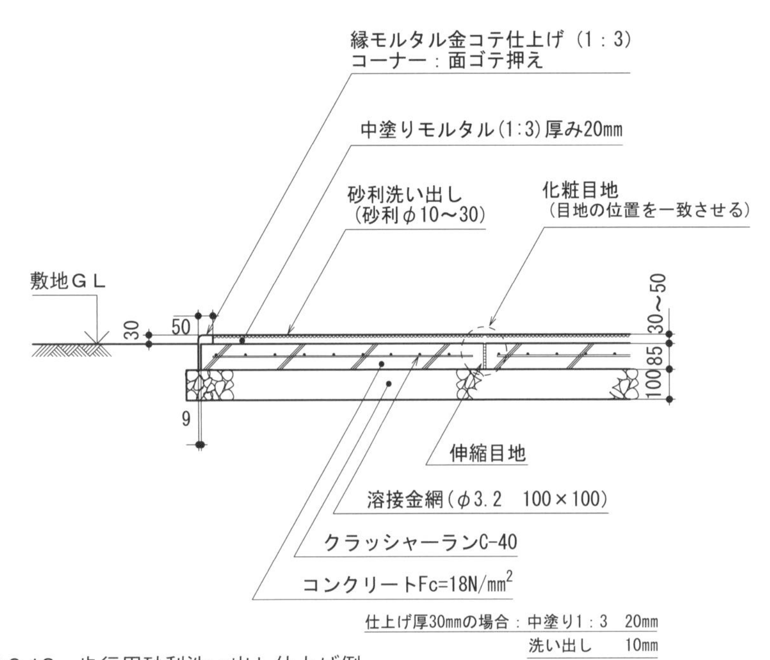

図 6-18　歩行用砂利洗い出し仕上げ例

ポイント 26　用途に合わせた仕上げの選択

主な左官仕上げの特徴と工法を表 6-20 に示す。

表 6-20　主な床左官仕上げの特徴

仕上げ	工法
コンクリート直均し	下地のコンクリート精度がそのまま仕上げ面に表れ、床下地表面の凹凸や不陸、表面強度、水分量など、コンクリート表面精度の影響を受ける舗装
モルタル塗り	コンクリート床を下地に、モルタルを用いて金コテまたは刷毛などで表面を仕上げる舗装
砂利洗い出し	コンクリートを下地に、砂利を練り込んだモルタルを用いて、表面をコテで均し、硬化の具合を見ながら清水で表面を洗い流し、砂利を露出させる仕上げ
樹脂舗装仕上げ(写 6-32)	コンクリートを下地に、カラーサンドや天然石などを樹脂で固めた舗装材を金コテで仕上げる
真砂土舗装仕上げ	下地は砕石。花崗岩などの風化が進んで砂状、土状になったもの(真砂土)に、セメント系、石灰系、樹脂系、アスファルト系などの固化材を混合し、敷均し、締固めたもの。透水性と保水性がある

写 6-32　樹脂舗装仕上げ

ポイント 27 各種仕上げ工法の注意点

●モルタル仕上げは亀裂防止を行う。

仕上げ厚が薄いために割れやすいので、収縮防止材やガラス繊維ネットなどの亀裂防止策が必要になる。また、表面の不陸をなくして滞水しないように施工する。

●樹脂仕上げは、下地コンクリートが完全に乾いてから施工する。

その他、異物が混入しないように注意し、メーカー指定施工基準を遵守する。

●真砂土舗装の端部は見切り縁石などを設置する。

真砂土で端部をつくると、角割れなどによって内部に水分が浸入して壊れやすくなるので、見切り縁石などを設置する。また、植樹帯のまわりは根による圧力によって壊れやすいので、なるべく施工しない。その他、不陸と散水時の平均化に注意する。

法律

【安全衛生教育】

労働安全衛生法第59条　事業者は、労働者を雇い入れたときは、当該労働者に対し、厚生労働省令で定めるところにより、その従事する業務に関する安全又は衛生のための教育を行なわなければならない。

2　前項の規定は、労働者の作業内容を変更したときについて準用する。

3　事業者は、危険又は有害な業務で、厚生労働省令で定めるものに労働者をつかせるときは、厚生労働省令で定めるところにより、当該業務に関する安全又は衛生のための特別の教育を行なわなければならない。

【就業制限】

労働安全衛生法第61条　事業者は、クレーンの運転その他の業務で、政令で定めるものについては、都道府県労働局長の当該業務に係る免許を受けた者又は都道府県労働局長の登録を受けた者が行う当該業務に係る技能講習を修了した者その他厚生労働省令で定める資格を有する者でなければ、当該業務に就かせてはならない。

2　前項の規定により当該業務につくことができる者以外の者は、当該業務を行なつてはならない。

3　第1項の規定により当該業務につくことができる者は、当該業務に従事するときは、これに係る免許証その他その資格を証する書面を携帯していなければならない。

4　職業能力開発促進法（昭和44年法律第64号）第24条第1項（同法第27条の2第2項において準用する場合を含む。）の認定に係る職業訓練を受ける労働者について必要がある場合においては、その必要の限度で、前3項の規定について、厚生労働省令で別段の定めをすることができる。

【就業制限に係る業務】

労働安全衛生法施行令第20条　法第61条第1項の政令で定める業務は、次のとおりとする。

1～11（略）

12　機体重量が3t以上の別表第7第一号、第二号、第三号又は第六号に掲げる建設機械で、動力を用い、かつ、不特定の場所に自走することができるものの運転（道路上を走行させる運転を除く。）の業務

13　最大荷重（ショベルローダー又はフォークローダーの構造及び材料に応じて負荷させることができる最大の荷重をいう。）が1t以上のショベルローダー又はフォークローダーの運転（道路上を走行させる運転を除く。）の業務

14　最大積載量が1t以上の不整地運搬車の運転（道路上を走行させる運転を除く。）の業務

【特別教育を必要とする業務】

労働安全衛生規則第36条　法第59条第3項の厚生労働省令で定める危険又は有害な業務は、次のとおりとする。

（略）

九　機体重量が3t未満の令別表第7第一号、第二号、第三号又は第六号に掲げる機械で、動力を用い、かつ、不特定の場所に自走できるものの運転（道路上を走行させる運転を除く。）の業務

九の二　令別表第7第三号に掲げる機械で、動力を用い、かつ、不特定の場所に自走できるもの以外のものの運転の業務

九の三　令別表第7第三号に掲げる機械で、動力を用い、かつ、不特定の場所に自走できるものの作業装置の操作（車体上の運転者席における操作を除く。）の業務

十　令別表第７第四号に掲げる機械で、動力を用い、かつ、不特定の場所に自走できるものの運転（道路上を走行させる運転を除く。）の業務

十の二　令別表第７第五号に掲げる機械の作業装置の操作の業務

別表第７　建設機械

一　整地・運搬・積込み用機械
　１　ブル・ドーザー
　２　モーター・グレーダー
　３　トラクター・シヨベル
　４　ずり積機
　５　スクレーパー
　６　スクレープ・ドーザー
　７　１から６までに掲げる機械に類するものとして厚生労働省令で定める機械

二　掘削用機械
　１　パワー・シヨベル
　２　ドラグ・シヨベル
　３　ドラグライン
　４　クラムシエル
　５　バケツト掘削機
　６　トレンチヤー
　７　１から６までに掲げる機械に類するものとして厚生労働省令で定める機械

三　基礎工事用機械
　（略）

四　締固め用機械
　１　ローラー
　２　１に掲げる機械に類するものとして厚生労働省令で定める機械

五　コンクリート打設用機械
　（略）

六　解体用機械
　１　ブレーカ
　２　１に掲げる機械に類するものとして厚生労働省令で定める機械

第７章　階段工事

階段工事の内容

階段は、高低差のある場所で、人が通行する通路として用いられている。エクステリアでは、道路から建物の玄関に至るアプローチや、テラスなどの高低差の生じる場所の通路に該当する。通路は、家族(老人から幼児まで)が毎日、複数回通行するため、滑ったり、つまずいたりする舗装であってはならない。従って、意匠や構造、仕上げに至るまで、安全性が優先される。

通路としてのエクステリアの階段の形状は、設置面積が小さいために「直階段」や、途中の踊場で90度向きを変える「かね折れ階段」などが多い(図7-1)。

なお、デッキテラスなどに上る階段ではささら桁、側桁と、踏板(蹴込板)で構成されるものもあるが、本章では対象としない。

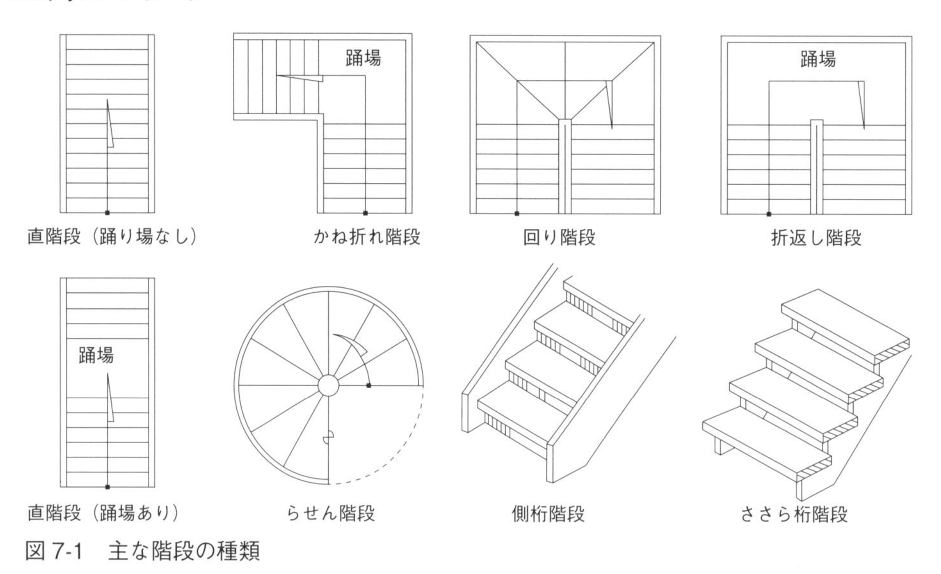

図7-1　主な階段の種類

資格・講習

階段工事、傾斜路の工事では、仕上げによって床工事と同様に日本道路建設業協会が認定する「舗装施工管理技術者」、厚生労働省認定の「タイル張り技能士」などの資格がある。また、工事で使用する建設機械には、床工事と同様に、路盤工事でランマー、プレートを使用する(資格・講習などについては第6章参照)。

階段工事着手前

ポイント 1　給排水設備の外部系統および埋設物(ガス、電気配管)の確認

階段を設ける場所には、給排水の桝や配管が露出することを避ける。これら給排水の桝の蓋が階段に出ることになると踏面や蹴上の割付けが難しくなり、外観上も見苦しいものになる。また、施工の掘削時にも問題が発生することがある。

給排水設備の外部系統および埋設物(ガス、電気配管)の現地調査については第1章を参照。

ポイント 2　計画地の高低差と寸法計画

階段は一般的に通路と同じ幅員を取るようにし、踏面の幅と蹴上の高さ寸法を途中で変えないようにする。踏面や蹴上の寸法を途中で変えたり、不整形な形状の踏面は、つまずきの原因になる。さらに、高低差によっては踊場の設置も検討する。狭小地の住宅では、蹴上や踏面の寸法を十分に確保することが難しくなるので、現地での確認が重要である。

表 7-1　階段の寸法（建築基準法施行令第 23 条、第 24 条）

	階段の種別	階段および踊場の幅(cm)	蹴上（cm）	踏面（cm）	踊場位置
1	小学校の児童用	140 以上	16 以下	26 以上	高さ 3 m以内ごと
2	中学校、高等学校、中等教育学校の生徒用	140 以上	18 以下	26 以上	
	劇場、映画館、公会堂、集会場等の客用				
	物販店舗で床面積の合計が 1,500m² を超える客用				
3	直上階の居室の床面積の合計が 200m² を超える地上階用のもの	120 以上	20 以下	24 以上	高さ 4 m以内ごと
	居室の床面積の合計が 100m² を超える地階、地下工作物内のもの				
4	1 ～ 3 以外および住宅以外の階段	75 以上	22 以下	21 以上	
5	住宅（共同住宅の共用階段を除く）	75 以上	23 以下	15 以上	
6	屋外階段　避難階への直通階段	階段の幅のみ 90 以上	踊場の幅、蹴上、踏面、踊場の位置はそれぞれ1～5の数値による。（4、5 の場合は直階段であっても、75cm 以上でよい）		
	屋外階段　その他の階段	階段の幅のみ 60 以上			

①回り階段の踏面寸法は踏面の狭い方から 30cm の位置で測る
②階段および踊場に設ける手すり、階段昇降機のレールなどで高さが 50cm 以下のものは幅 10cm まではないものとして、階段および踊場の幅を算定する
③直階段の踊場の踏幅は 120cm 以上とする

建築基準法では、階段の幅や踏面および蹴上の寸法について、同法施行令第 23 条、第 24 条に、手すりは同法第 25 条にそれぞれ規定されている（表 7-1）。

これらを踏まえ、安全なエクステリアの階段計画、寸法計画で検討すべき事項は次のようになる（図 7-2）。

【蹴上と踏面、階段幅】

- 蹴上高さ × 2 ＋踏面 = 60 ～ 70cm を標準とする。
- 蹴上高さは 18cm 以下とする。

  住宅の内部階段の蹴上は建築基準法で 23cm 以下とされているが、外部のアプローチのような階段では 15 ～ 18cm が使いやすいといわれている。蹴上が高過ぎると上りにくくなり、低過ぎるとつまずくなどの危険性が高まる。
- 踏面は 30cm 以上とする。

  住宅の内部階段の踏面は建築基準法で 15cm 以上とされているが、外部のアプローチのような階段では 30cm 以上が使いやすいといわれている。踏面が狭いと足を置く場所が狭くなるので、安定感がなくなる。外部の場合は靴などを履いて上り下りするので、踵が乗る奥行が必要になる。
- 蹴上高さと踏面は途中で変えず、全て同じ形状である方が、安全性は高い。
- 階段幅はできれば 90cm 以上が望ましい。

【高低差】

- 接道のL型側溝や溝蓋、地盤との段差が安全であるかを確認する。
- 高低差があり、通路の距離が短い場合は、階段位置の変更を検討する。

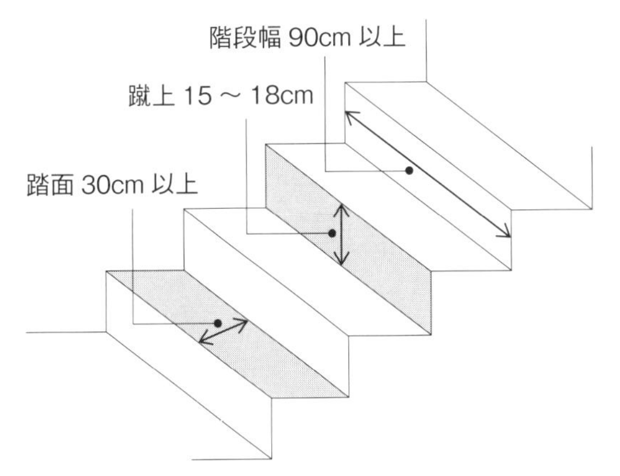

図 7-2　エクステリアの階段の寸法計画の例

ポイント 3　滑らない仕上げ材、工法を選択

蹴上や踏面の仕上げには、アプローチ通路と同様の仕上げ材が用いられることが多い。エクステリアの階段や傾斜路は屋外にあるので、表面にわずかな凹凸があるような雨に濡れても滑りにくい仕上げ(洗い出し仕上げ、外床用タイル、ノンスリップタイル、インターロッキングブロック、石材など）を選択することで、転倒などを防止する。

各種仕上げ材などについては、第６章を参照。

階段施工

階段工事は、床工事と同様に、下から順番に路床、路盤、表層で構成され、表層にはコンクリート、タイル、アスファルト、レンガなどの仕上げ材が使われる。階段工事の施工手順は、次のようになる。

①階段の勾配に合わせて掘削（鋤取り）する。

②階段基礎部の傾斜部分に砕石を転圧した地業を行う。

③その上に配筋をして、上吊り型枠を設置し、にコンクリートを打設する準備をする（写 7-1)。

　簡易な階段（高低差１m未満の階段）では基礎スラブに単鉄筋の配筋とすることも多い。いずれにしても階段基礎は一体につくる。

④下地コンクリートを打設する（写 7-2)。

⑤完全にコンクリートが乾燥した後に、各種仕上げ工事を行う（写 7-3､4)。

階段はこのように構造体としての堅実な施工が求められている。しかし、エクステリア工事では規模や高低差が小さいなどの理由から、構造として不安定な施工が見受けられることもある。こうした階段は、時間の経過とともに亀裂や沈下などが発生する場合があり、クレームにつながることが予想される。

階段は規模や高低差に関わらず、構造を堅実に設計・施工することが求められる。

写 7-1　配筋と型枠の設置

写 7-2　下地コンクリートの打設

写 7-3　タイル張り仕上げ

写 7-4　完成

ポイント4　小規模でも配筋をして、基礎コンクリートと一体化

階段は小規模であっても構造体としての安全性が求められる。階段の構造については、エクステリアメーカーやブロックメーカーなどから基本的な構造を示す図が提示されているので参考にするとよい。一般的な階段床舗装の断面を図7-3、4に示す。

階段工事における構造について、重要となる項目は次のようになる。

- タイルやレンガ、ブロックなどの階段の割付けは適切か。
- 基礎のコンクリートは一体化しているか。
- 配筋は適切に配置されているか。
- 階段の始まりに基礎補強が設けられているか。

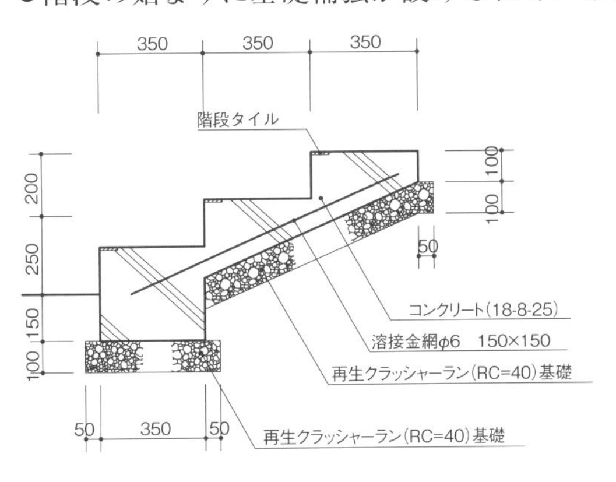

図7-3　コンクリート階段の例

図7-4　タイル張り（150角）階段の例

危ない階段

写7-5　階段の下地（基礎部分）が空洞ブロックを切り刻んでつくられ、配筋がない。蹴上や踏面の割付けができていないため、モルタルを付け送ったり、ブロックを欠いたりと不揃いになっている。階段の段が不連続になっている

写7-6　ブロックで造成された階段。蹴上は安定しているようだが、踏面は不安定になっている。基礎のコンクリートは一体化していない、配筋もされていない

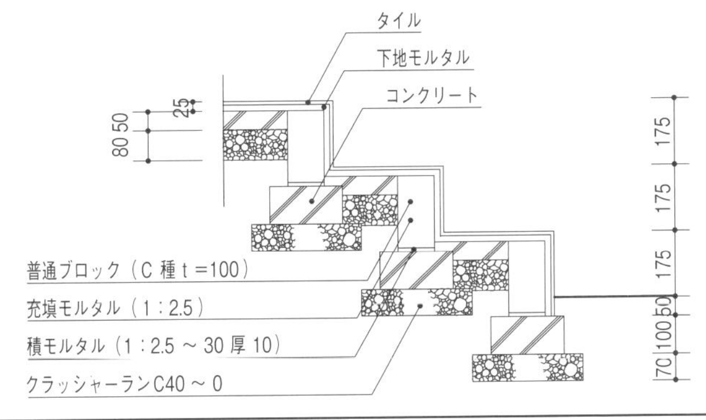

図7-5　階段の基礎部分が一段一段独立で設けられ、連結されていない、配筋がされていない、不連続な形状になっている。さらに、階段の始まりに基礎補強が見られないことなどが、下方への傾き、亀裂や沈下の原因になる

階段工事

ポイント 5　バリアフリーへの配慮

住宅のエクステリアのような規模では、高齢者、障害者等の移動等の円滑化の促進に関する法律（バリアフリー新法）の規制対象にはならないが、高齢者や障害者などの利用も念頭におき、安全に階段を利用する基準として考慮しておく。

バリアフリー新法は､対象建築物が適合しなくてはならない建築物移動等円滑化基準（義務基準）と、さらに望ましいレベルとして建築物移動等円滑化誘導基準（誘導基準）を示している。

階段に関する部分を表 7-2 に示す。

表 7-2　階段に関するバリアフリー新法の規準

義務基準 高齢者、障害者等の移動等の円滑化の促進に関する法律施行令第 12 条	誘導基準 高齢者、障害者等が円滑に利用できるようにするために誘導すべき建築物特定施設の構造及び配置に関する基準を定める省令第 4 条
①踊場を除き、手すりを設ける ②表面は、粗面または滑りにくい材料で仕上げる ③踏面の端部とその周囲の部分とを識別しやすくする（色の明度、色相、彩度の差など） ④段鼻の突き出しその他のつまずきの原因となるものを設けない構造とする ⑤階段の上端に近接する踊場には、視覚障害者に対し警告を行うために、点状ブロック等を敷設する ⑥主な階段を回り階段としない	②③④⑤⑥に加え ⑦幅は 140cm 以上 ⑧蹴上の寸法は 16cm 以下 ⑨踏面の寸法は 30cm 以上 ⑩踊場を除き、両側に手すりを設ける

傾斜路工事の内容

傾斜路とはスロープまたは斜路とも呼ばれる。人が通行することを目的とした傾斜路は、階段の昇降に適さない場合や、階段に代わって利用者が安全に利用できるように計画される通路の総称である。エクステリアでは、階段と同様に道路から建物の玄関に至るアプローチなどの高低差の生じる場所の通路に該当するもので、安全性が優先されるほか高齢者や車いすの利用なども配慮して計画する（写 7-7）。

傾斜路工事着手前

ポイント 6　計画地の高低差と勾配・距離、利用者への配慮

個人住宅のようなエクステリアで傾斜路を計画する場合は、敷地に余裕がないことが多いので、特に注意が必要である。狭いがために勾配がきつくなると、安全性に問題が生じる。上り方向よりも下り方向の方が危険になりやすいので注意する。

建築基準法では、階段に代わる傾斜路について同法施行令第 26 条で規定している（図 7-6）。安全なエクステリアの傾斜路の計画、利用者への配慮で検討すべき事項は次のようになる。

【勾配と距離】

- 同じ高低差では、傾斜路（1/8 勾配以下）は階段に比較して、8 倍以上の水平距離や面積が必要。
  〈例〉1/8 勾配の傾斜路の傾斜角は約 7.1° となり、高低差 10cm の場合、水平距離で 80cm 必要になる。
  1/12 勾配の傾斜路は傾斜角は約 4.8° となり、高低差 10cm の場合、水平距離で 120cm 必要になる。

【利用者への配慮】

- 傾斜路の安全性を考えるとき、同じ勾配でも上りよりも下り歩行の方が、より筋力が必要といわれている。運動能力や筋力の低下してくる高齢者にとっては、傾斜路下りの方が危険性が高い。
- 車いすを用いる場合、1/8 勾配の傾斜路は、介助者にとって上りはきつく、下りは介助者が後ろ向きになって下りるようになる。また、車いすでの傾斜路の自走は難しいとされている（図 7-7）。

写 7-7　道路高低差を解消する傾斜路。上りきったところに踊場を設けている

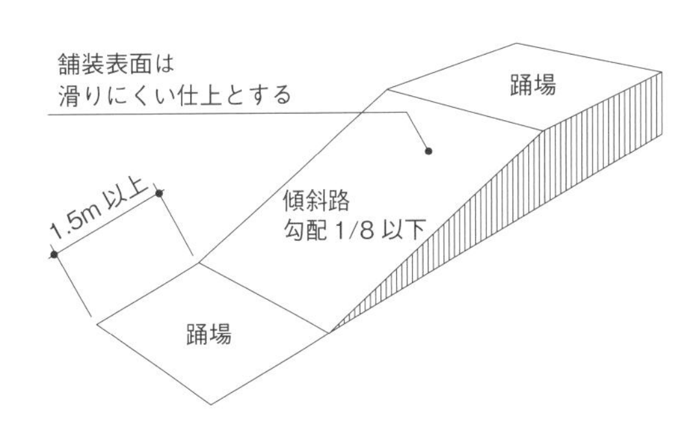

図 7-6　建築基準法適合基準

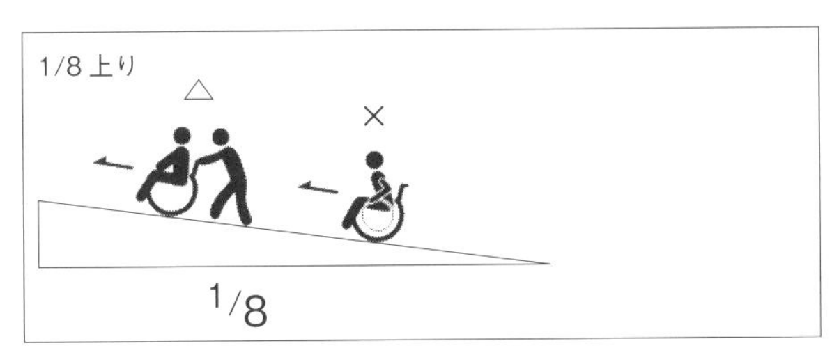

介助者が車いすを押して上がることはできるが、長い距離だと難しい。車いすでの自走はできない

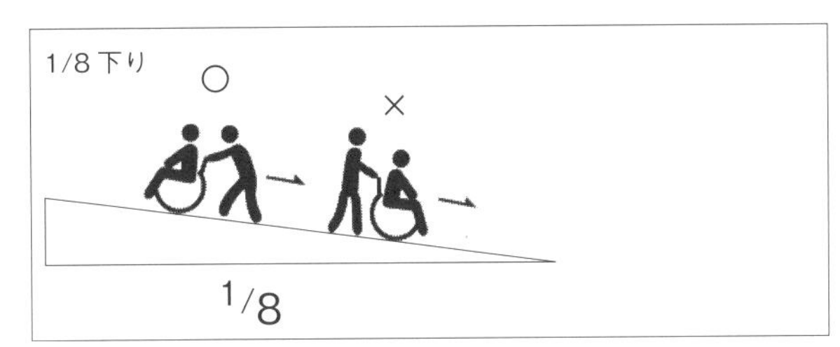

介助者は進行方向に向かって前向きは危険になるので、後ろ向きに下りる

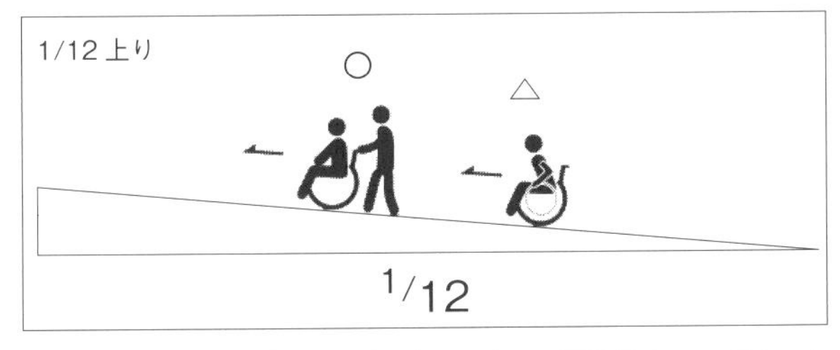

介助者が車いすを押して上がることに問題はない。車いすでの自走は、若い人や、腕のしっかりした人、足を床につけることができる人ならば可能

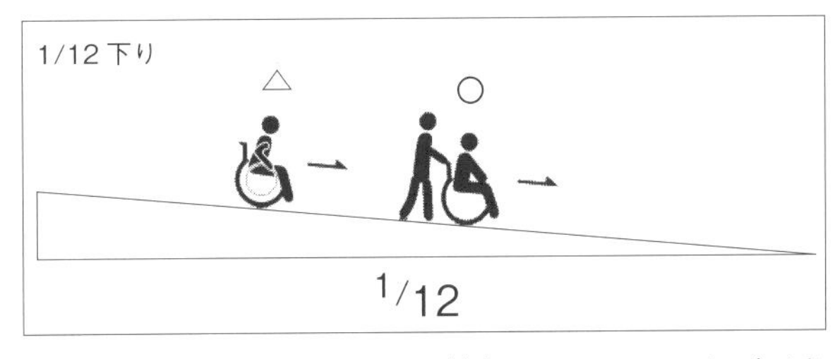

介助者は進行方向に向かって前向きで下りることができる。車いすでの自走は、腕と手が使える人であれば可能であるが、足が床につけられないと危険がともなう

図 7-7　1/8 と 1/12 の勾配による利用者の状況

- 車いすを用いる場合、1/12 勾配の傾斜路は、介助者にとって上りは問題がなく、下りも介助者が前向き下りることが可能である。また、車いすの自走は、上りはきつく、下りは危険がともなう（図 7-7）。
- 車いすの自走できる傾斜は 1/15（約 3.8°）以下とされている。
- 傾斜路の表面が雨や雪、砂やごみの堆積などにより滑りやすくなることも考えられる。

傾斜路の施工

ポイント 7　傾斜路であることを考慮した滑らない仕上げ

傾斜路の工事は、床工事や階段工事と同様に、下から順番に路床、路盤、表層で構成されるが、表面仕上げは特に滑りにくい仕上げとし、さらに、車いすが通行するので不陸を起こさないようにする。

重要となる項目は次のようになる。

- 一般的にはコンクリート下地で傾斜路の安定した構造をつくる。
- 表面が滑らないようにするため、刷毛引きやクシ引きなどの仕上げを施す。
- 化粧仕上げとする場合もコンクリート下地とする。
- レンガやブロック（インターロッキング）、石材の張付け仕上げなどの場合は、表面の凹凸が少ないものを選択する。

ポイント 8　バリアフリーへの配慮

階段と同様に、住宅のエクステリアのような規模では、バリアフリー新法の規制対象にはならないが、高齢者や障害者、車いすでの利用も念頭におき、安全に傾斜路を利用する基準として考慮しておく。

バリアフリー新法には、対象建築物が適合しなくてはならない建築物移動等円滑化基準（義務基準）と、さらに望ましいレベルとして建築物移動等円滑化誘導基準（誘導基準）を示しているので、傾斜路に関する部分を表7-3、図7-8に示す。

表7-3　傾斜路に関するバリアフリー新法の規準

義務基準 高齢者、障害者等の移動等の円滑化の促進に関する法律施行令第13条	誘導基準 高齢者、障害者等が円滑に利用できるようにするために誘導すべき建築物特定施設の構造及び配置に関する基準を定める省令第6条
①勾配が1/12を超えるか、または、高さが16cmを超える傾斜がある部分には、手すりを設ける。 ②表面は粗面とするか、または、滑りにくい材料で仕上げる ③その前後の廊下等と識別しやすくする（色の明度、色相、彩度の差など） ④傾斜がある部分の上端に近接する踊場には、視覚障害者に対して警告を行うために、点状ブロック等を敷設する	②③④に加え ⑤幅は、階段に代わるものは150cm以上、階段に併設するものは120cm以上とする ⑥勾配は1/12を超えない ⑦高さが75cmを超える場合は、高さ75cm以内ごとに踏幅が150cm以上の踊場を設ける ⑧高さが16cmを超える傾斜がある部分には、両側に手すりを設ける

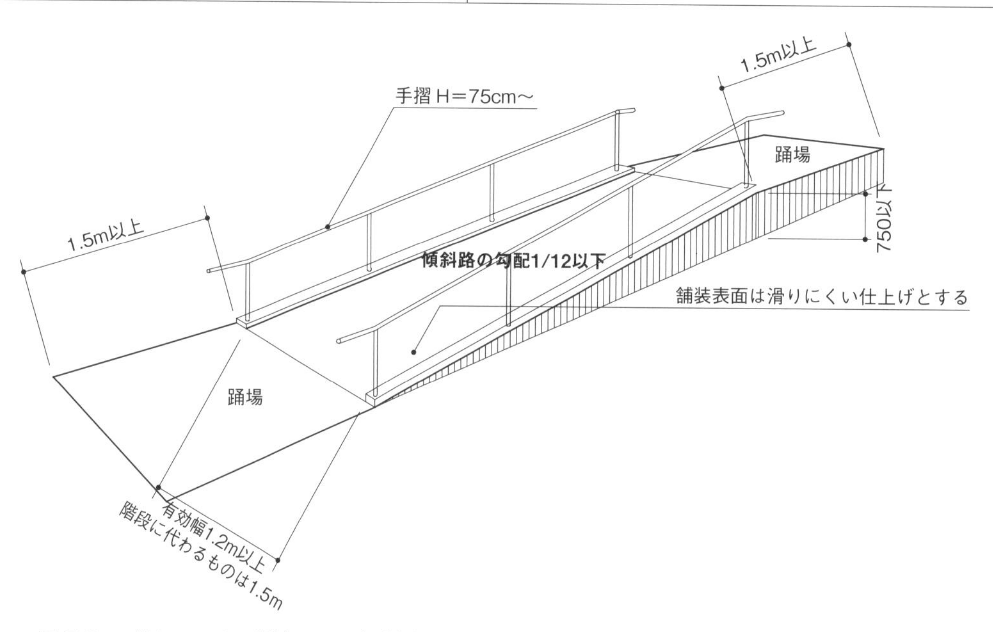

図7-8　バリアフリー新法による傾斜路の誘導適合基準

階段工事

第８章　植栽工事

植栽工事の内容

植栽工事は、公共空間や集合住宅、個人住宅などの外部空間に植物（樹木や草花）を配植し、景観形成や街の緑化、快適な住空間をつくるために行うものである。個人住宅のエクステリアにおける植栽は、門廻りから駐車駐輪空間、アプローチ、サービスヤード空間などを含む敷地全体にわたる。

植栽工事は、植栽場所の掘削や鋤取りから始まり、植付け（植込み）、植付け後の埋戻しや客土（土壌改良を含む）、養生支柱の設置工事などとなる。さらに、植付け後の維持管理として、剪定や整姿、灌水や施肥、病虫害の予防や駆除、除草や草刈りなども含まれる。

他のエクステリア工事と違い、植栽工事は植物という生き物を対象としているので、土壌や気候、日照時間などの環境を理解しておき、植物の健全な生育を図ることが重要である。

樹木は高さ（樹高）によって、高木、中木、低木（灌木）などに分類することができる。エクステリア工事では一般に表8-1、図8-1のように分類されることが多いが、中木と高木を合わせて中高木などと分類することもある。また、樹木は幹の形状により、単幹、双幹、株立ちに区分される（図8-2）。

なお、本章は、屋上緑化、壁面緑化については対象外とする。

表8-1　エクステリア工事で使用する際の樹木などの高さや性質による区分の例

区分	適用
高木	植栽時に3m以上の樹木
中木	植栽時に1.0～3.0 mの樹木
低木	植栽時に0.3～1.0m の樹木
灌木	一般に低木と同じ程度の樹高だが、形態は様々。、主幹・枝の区別がなく、株元から多くの枝が出て叢生（そうせい）するものが多い。ナンテン、アジサイなど
地被類	樹高が0.3m以下で地を這うように生息するもの。草本類ではタマリュウ、ササ類、シバ類など、ツル性ではテイカカズラなど

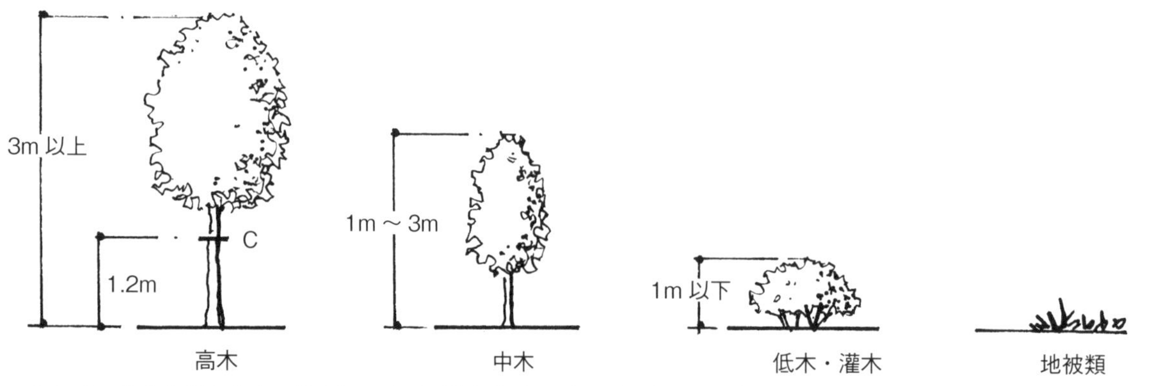

図8-1　樹木などの高さ（樹高）による区分と幹周（C）の位置。幹周（幹の太さ）は、地上1.2m の部分の周長

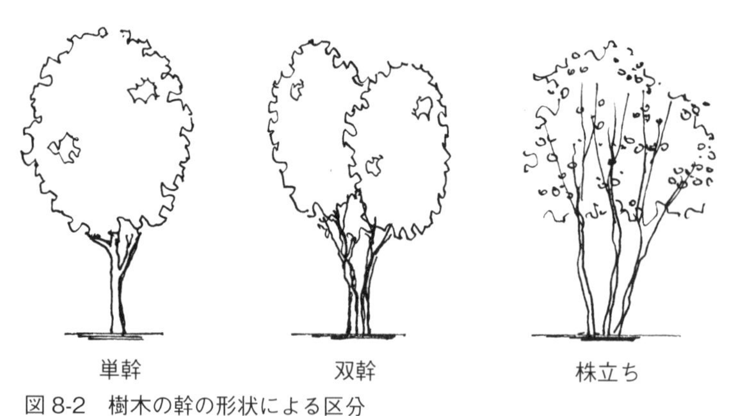

図8-2　樹木の幹の形状による区分

資格・講習

植栽工事では、掘削、鋤取り、埋戻し、樹木の移植などを行う場合は、重機を適宜使用する。重機の使用にあたっては、車両系建設機械運転者の資格が必要になる（第4章ポイント5［p.58］参照）。

また、国家資格としては、主任技術者などを配置するような規模の工事に必要となる造園施工管理技士、技能を認定する造園技能士がある（表8-2)。その他、団体認定の資格としては、樹木医（日本緑化センター）、植栽基盤診断士や街路樹剪定士（日本造園建設業協会）、ビオトープ施工管理士（日本生態系協会）、グリーンアドバイザー（日本家庭園芸普及協会）ほか、植栽の用途、規模などに応じて多数ある。

表8-2　植栽工事に関する国家資格

国家資格	認定機関（法律）	内容
造園施工管理技士（1級、2級）	国土交通省（建設業法）	公園や緑地の造園工事における主任技術者、監理技術者（1級）になることができる
造園技能士（1級、2級、3級）	厚生労働省（職業能力開発促進法）	検定試験に合格した造園に関する知識と技能を有する技能士

工事着手前（植栽計画）

ポイント1　植物は地域環境に適応するものを選択

日本列島は、亜熱帯（沖縄、小笠原諸島）から温帯、亜寒帯（北海道）まで多様な気候帯に属している。さらに、同じ地域でも平地と高地、海岸地、市街地などによっても植物の分布は変わってくる。従って、植物の地域性の見分け方は、その地域で健康に生育している樹木や草花などを観察することが重要になる。健康に生育していることは、その地域の気象条件（温度、降水量、日照、風など）や土壌条件に適応していることになるからである。環境に適応しない植物は枯死あるいは生育障害（生育不良、異常繁殖、樹木の樹形の変化や樹勢の衰えなど）を起こす。

樹木を例として、表8-3に、亜熱帯と亜寒帯の代表的なものを示す。亜熱帯や亜寒帯の樹木を温帯に植える場合は、注意する必要がある。

表8-3　亜熱帯、亜寒帯の代表的な樹木

気候	性質	樹木名
亜熱帯（沖縄、小笠原諸島）	常緑広葉樹	アカギ、フクギ、オヒルギ、オオハマボウ、ガジュマル、クロヨナ、タブノキ、ホルトノキ、モンパノキ、ハスノハギリ、アダンなど
	常緑針葉樹	イヌマキ、ソテツ、ビロウ、リュウキュウマツなど
	落葉広葉樹	カンヒザクラ、コガネノウゼン、コウバテイシ、デイゴ、テリハボク、トックリキワタ、ナンバンサイカチ、ホウオウボク、モクセンナなど
亜寒帯（北海道）	常緑広葉樹	キバナシャクナゲ、ハクサンシャクナゲなど
	常緑針葉樹	イチイ、キタゴヨウマツ、コノテガシワ、トドマツ、ブンゲンストウヒ、ヨーロッパトウヒなど
	落葉広葉樹	ネグンドカエデ、ノリウツギ、ハルニレ、ハンノキ、ベニバナトチノキ、ホウノキ、ヤマボウシ、ヤマモミジ、ユリノキ
	落葉針葉樹	メタセコイヤ

ポイント2　日照と植物の性質を理解して配植

植物にとって日当たりのよい場所が好ましいのか、日陰の方が適しているのかは、植物ごとに違うので、植物の性質を理解したうえで配植することが大切である。一般に、日向を好み日陰では育ちにくい植物を陽生植物といい、日陰でも生育するが直射日光に弱い植物を陰生植物という（表8-4)。

ただし、陽生植物であっても強すぎる光は植物の生育に悪影響を及ぼすことがあるので、日差しに強い常緑樹を植えて保護するなどの配植を検討する。さらに、管理に関する注意事項などを施主などに伝

表 8-4　陽生植物と陰生植物の例

性質	樹木	草本
陽生植物	アオキ、ヤブツバキ、ネズミモチ、ヒサカキ、アリドオシなどの常緑広葉樹木	ススキ、シバ、タンポポ、ナズナ、ニシキソウ、エノコログサなど 畑の作物、いわゆる雑草のほとんどは陽生植物
陰生植物	アカマツ、シラカンバ、ヤシャブシ、アカメガシワ、クサギ、ウツギなど	カンアオイ、ジャノヒゲ、キチジョウソウ、フッキソウ、カンスゲ、イノデ、ヤブソテツなどの常緑植物 ヤブマオ、ムカゴイラクサ、ドクダミ、ミズ、チャルメルソウなど コケ植物の多くは陰生植物

えておくことが、植物の成長と後々のクレーム防止としても必要である。主な注意事項には次のようなものがある。

- 成長しはじめた若い芽などの柔らかい部分は葉焼けしやすく、長時間の強い日差しに当たると、葉焼けの原因になり、枯死にも繋がりかねない。
- 夏季の日差しが強い場合には、葉の色つやが悪くなったり、葉焼けを起こすことがある。
- 日差しが強い時には「照り返し」にも注意する。コンクリートの上などの太陽光で熱くなる場所に鉢植えなどを直接置くことや、コンクリートの照り返しの直接当たる場所での植栽にも注意する。
- 弱った樹木に強い日差しを浴びせると、環境の変化に対応できず、さらに弱ってしまうおそれがある。

ポイント 3　室外機からの温風による葉枯れに注意

エクステリアの植栽においては、エアコンの室外機のような機器類から排出される人工的な温風によって、近くに植えた植物の葉が枯れてしまうことがある。恒常的な温風が植物の水分を蒸散させることにより、葉が乾燥して枯れてしまう。暑い夏場に室外機の熱風を浴びることは、植物にとって大きな負荷になる。活着している中高木であれば大きな影響はないと思われるが、草花や低木の葉に直接熱風や寒風が当たるような場所には注意が必要である。

さらに、隣地への影響も無視できない。エアコンの室外機は境界線から 0.5 ～ 1.0 m程度離れたところに設けられることが多く、境界に塀のような遮蔽物がない場合は、夏は熱風が、冬は寒風が隣地の植物に当たることになる。

ポイント 4　植物の成長による越境を考慮

植物は、植栽時点で越境していないものであっても、経年による成長によって隣地あるいは道路などに越境することがある。越境は樹木の枝や根だけでなく、落葉樹の落ち葉が隣地や道路に溜まることなども考慮する必要がある。境界に近接して植栽する場合は、樹木の性質（枝張り、落葉、浅根性、根系の伸長、成長の早さなど）を考慮し、経年による枝の張り方や根の伸び方、風の向きによる落葉の方向などを検討しながら、樹種を選択する（表 8-5）。

表 8-5　樹木の性質と樹木の例

樹木の性質	樹木例	備考
生育速度が速い	シマトネリコ、カイヅカイブキ、ゴールドクレスト、フサアカシア（ミモザ）、タケ・ササ類など	植付け時の状態とその後の成長率を考慮しておく
生育速度が遅い	アセビ、ソヨゴなど	適応環境が狭く、植付け場所が合わないと枯れる確率も高い
縦によく成長する	カイヅカイブキ、ゴールドクレスト、モミ、メタセコイア、ドイツトウヒ、イチョウなど	太い根が下に向けて真っすぐに伸びる直根性のタイプが多いので、地下に埋設物がない場所を選ぶ
横によく成長する	サクラ、ネムノキ、クスノキなど	根も横に広がって張っていくため、舗装の近くへの植栽は管理に注意する
病害虫被害にあいやすい	ウメ、サクラ、ツバキ、サザンカ、ジューンベリー、マツなど	特に毛虫類がつきやすい樹木は、病害虫の大量発生を防ぐため、似たような科目の樹種を多く植えないようにする

写 8-1　樹木の枝が道路に越境した状態

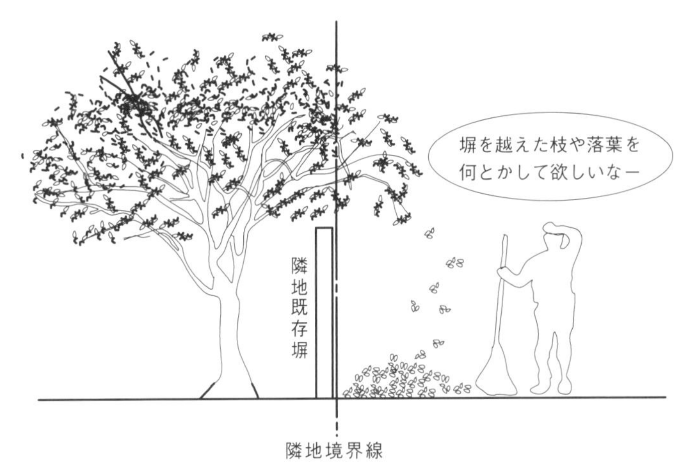

図 8-3　落ち葉が隣地に落ちるとトラブルの原因にもなる

一方、隣地の樹木などが越境してきた場合は、民法第 233 条によって、その所有者に枝を切断させることができる（写 8-1、図 8-3）。

注）法律は p.130 参照

ポイント 5　樹木の成長に必要な有効土層を確保

植物が生育するためには土壌が必要だが、植物の根が支障なく伸長して、水分や養分を吸収できる土壌を有効土層という。有効土層は、細根などの吸収根の発達する肥料分のある上層と、支持根（樹木を支える根張りが確保できる）が生育する下層の 2 つからなる層である。さらに、その層の下部には排水層がつくられる。植栽する樹木や地被類などの大きさによって土層厚は異なる（図 8-4、表 8-6）。

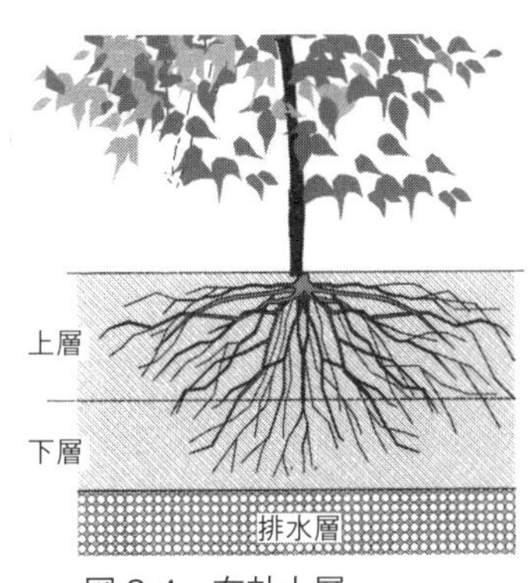

図 8-4　有効土層

表 8-6　樹木別有効土層厚表（樹高は成育目標大きさ）

	樹木			草花・地被類
樹高	7 ～ 12m	3 ～ 7m	3m 以下	
上層	60cm	40cm	30 ～ 40cm	20 ～ 30cm
下層	20 ～ 40cm	20 ～ 40cm	20 ～ 30cm	10cm 以上

『植栽基盤整備技術マニュアル』（国土交通省監修、日本緑化センター）より作成

ポイント 6　土壌の酸性度の確認

土壌の酸性度は植物の生育に影響してくる。土壌の酸性度を知るには、土に直接差し込むだけで数値が示される測定器を用いる場合と、土を採取して水と混ぜた後に測定液を注ぎ、比色表で判定する pH 測定キット方法がある。

酸性度とは、土壌が酸性あるいはアルカリ性かを示す指数で、pH（水素イオン指数）濃度 0 ～ 14 の数値で示される。pH 濃度が高くなると数値が小さくなり酸性となる（pH0 ～ 7）。反対に、pH 濃度が低くなると数値が大きくなりアルカリ性になる（pH7 ～ 14）。中性は pH7。

地域差はあるが、日本の土壌は一般的に、化学肥料の使用や降雨が多い気候、降雨そのものが酸性になっているなどの理由で酸性に傾いている。酸性が強い土壌では、植物の根が傷み、根がリン酸を吸収しにくくなる。一方、土壌がアルカリ性に傾くと、マグネシウムや鉄などのミネラルの吸収が妨げられ、植物が生育障害を起こす。一般の樹木では pH4.5 ～ 8.0 の間であれば生育にあまり影響はないといわれている。

アルカリ土壌に耐えて成長する樹木には、マメ科、バラ科、ニレ科、モクセイ科のほか、海岸植生を形成するクロマツやウバメガシもアルカリに強い耐性を示す。アルカリ性土壌に耐える上限がpH8.0以上となる樹木の例としては、ネグンドカエデ、クスノキ、サイカチ、ツクバネウツギ、ツゲ、トチノキ、アキニレ、ヤマモモ、ヒイラギ、クロマツなどがある。

ポイント 7　地中埋設物と樹木の根の干渉

住宅の敷地内に植栽した樹木が、数十年を経て成長すると、樹木の根が給排水管や桝を動かしたり、桝の中に根が侵入したりして給排水に支障をきたすことがある。植栽当初は問題ないが、地表面に根が持ち上がることで桝が傾き、さらに排水の不良などを引き起こす。

一般的に樹木の根の範囲は樹木の樹冠線より少し外側といわれ、また、根の形態も樹木によって水平根、斜出根、垂下根などの特徴がある。給排水設備に近い場所に樹木を植える場合は、植栽する樹木の根の特性と、外部給排水系統図から配管や桝の位置や深さ、管や桝の種類などを把握しておく（図8-5、6）。

さらに、樹木の成長に合わせた根の管理も考慮しておく。根が設備に達するまでの年月を把握しておくことや、日常的に樹木の成長を観察しておくことが大切である。配管や桝に接触する根の切断は、樹木の生育に支障が出るほどの影響はないと考えられる。

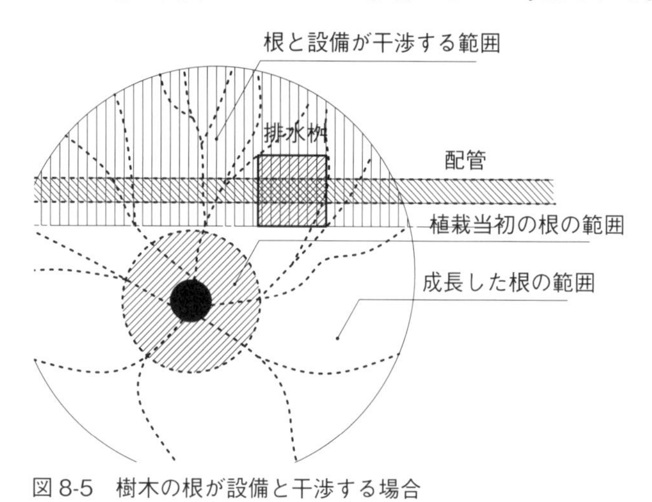

図8-5　樹木の根が設備と干渉する場合

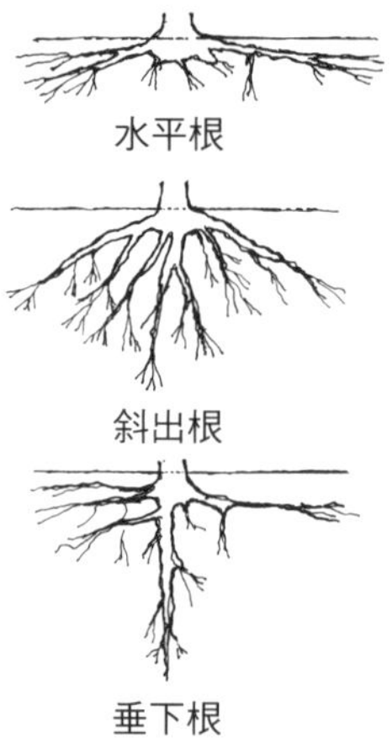

水平根

斜出根

垂下根

図8-6　代表的な根の形態

施工

植栽工事は、材料となる植物が樹木から草花にいたるまで多種多様であり、移植などを含めると施工方法も多岐にわたるが、樹木の一般的な施工手順は次のようになる。

①設計図書などから、樹種、樹勢、規格寸法を指定して、見積、発注を行う。

②材料を引き取る（荷受け）。

荷受け時は、次の点に注意して品質を確認する。

- 根鉢がゆるんで崩れてないか
- 幹に傷や傷痕がないか
- 枝折れが多くないか
- 葉が痛んでないか（しおれていないか）
- 病気や害虫がいないか
- 根鉢が乾燥しすぎていないか

③植穴位置を決めてから掘削し、樹木を立て込む。

植穴の大きさは一般に、搬入された樹木の根鉢に合わせて決定する。根鉢直径（鉢径）の2倍以上、あるいは、根鉢直径にスコップを入れて作業できる余裕を加えた大きさを目安とする（図8-7）。

植付けのときに根鉢をぶつけたり、揺すってしまったりすると、根鉢の土と根が離れて細い根（細根）を切ってしまう。細根は水や栄養分などを土から吸い上げる重要な役割があるので、樹木にとって大きな障害になり、枯損の原因にもなる。

立て込みでは、根と土の活着を確実にするために、根を乾燥させずに、水をやりながら根と土を密着させることが重要である。

④表土に腐葉土などを散布して保水力を高める。

⑤必要に応じて、支柱養生を行う。

その他、植える前の植栽基盤作成や土壌、振るい鉢、ポット物、根巻き物などの違いによる植付け方法の違いなどにも注意する。

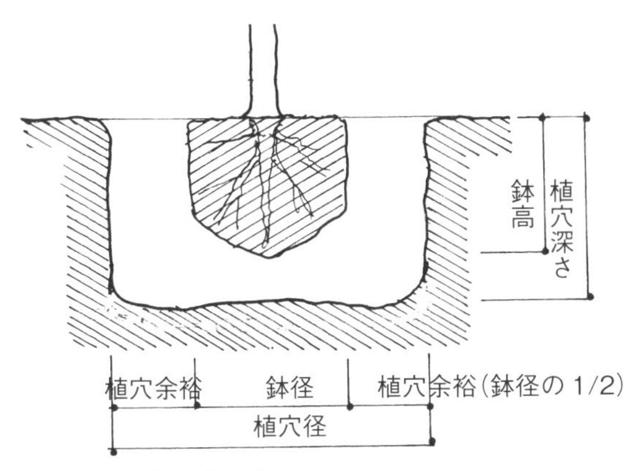

図 8-7　植穴の大きさ

写 8-2　植穴の掘削

ポイント 8　樹木は植付け時期を考慮

一般的な植付け時期は、落葉樹の場合、葉が落ちる晩秋から新芽を吹く直前頃までの休眠期に行い、樹木にかかる負担を最小限にする。ただし、土が凍ったり、霜柱が立つ厳冬期には植付けを避ける。

常緑樹の植付け時期は、樹種により相違があるが、気温の上昇が樹木の成長を促す春季と、気温の温かい期間の秋季が適期とされている。ただし、樹種や地域により多少の差があるので、樹種ごとに適期を調べておく必要がある。

樹木の夏季植付けは、できるだけ避けた方が無難である。気温や乾燥（水分の蒸発）、直射日光の影響により、植付け場所までの運搬が樹木に負担をかけるので、活着率の低下によって枯死や生育不良になる可能性がある。

植付け適期は地域により多少の違いがあり、その年の気温や気象の変化にも影響を受けるが、一般的に、関東地方を基準とした場合、九州地方は1カ月早く、関西地方では半月早く、東北地方では1カ月遅く、北海道では1カ月半遅くなるといわれている。さらに、同じ地域の平地と山地によっても異なることがある。

ポイント 9　支柱による樹木の養生

新植時や移植時の樹木には、活着を補助するためと、風による根の動きや倒傾を防ぐ目的で支柱を施すことが一般的である。支柱の種類は、生垣支柱、布掛け支柱、一脚唐竹支柱、添柱支柱、八ツ掛け支柱（唐竹、丸太）、二脚鳥居支柱・三脚鳥居支柱・四脚鳥居支柱、ワイヤー支柱などがある。エクステリアの植栽工事では、一脚唐竹支柱、八ツ掛唐竹支柱、生垣支柱がよく使われる。樹木の大きさや植栽場所により支柱の形式は異なるが、住宅エクステリアでは、支柱も庭の景観に大きく影響するので、それを踏まえて選択したい。もし、支柱を見せたくない場合には根鉢を支える地下支柱などの製品がある（図 8-8 ～ 15）。

支柱は樹木が活着（植付け後2～3年）してしまえば必要がなくなるので撤去する。ただし、強風や恒常風から樹木を守る場合は長く設けることになる。

支柱の種類

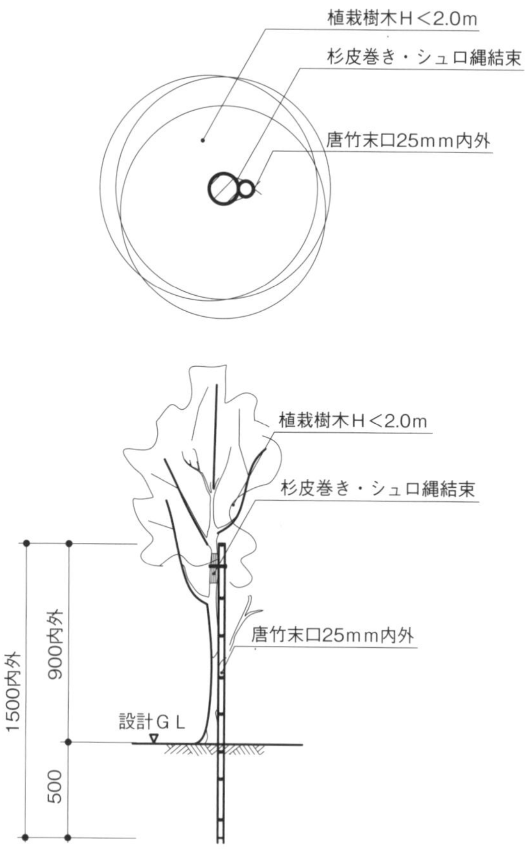

図 8-8　唐竹添柱支柱

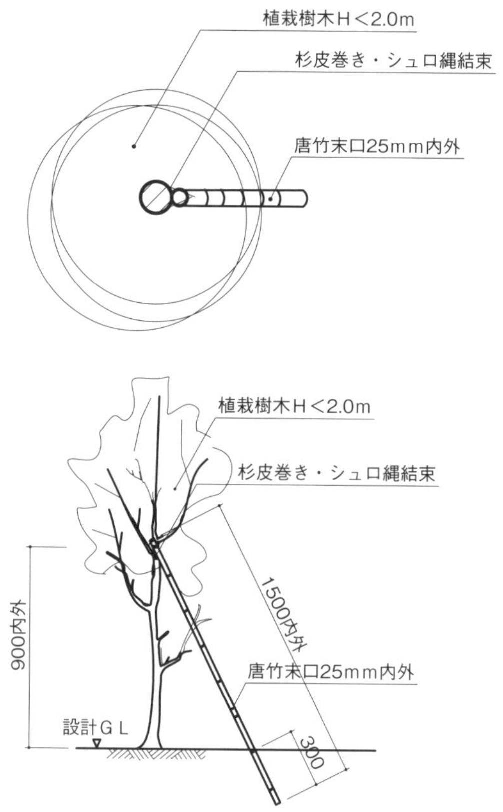

図 8-9　一脚唐竹支柱（一本支柱）

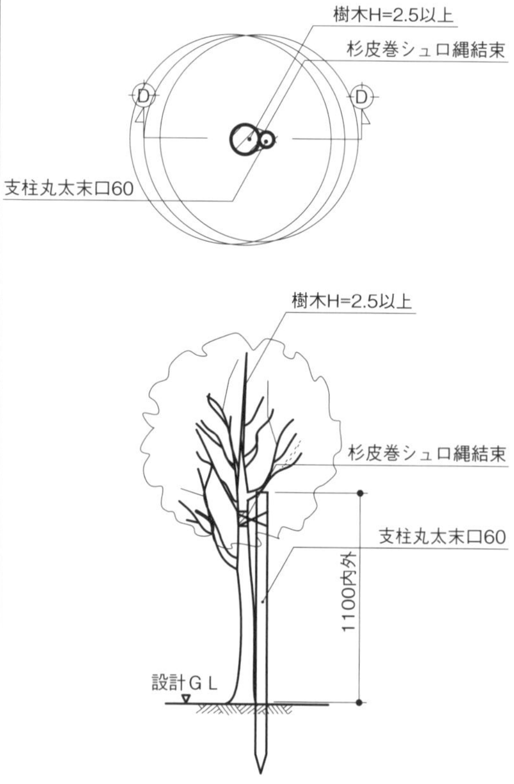

図 8-10　丸太添柱支柱

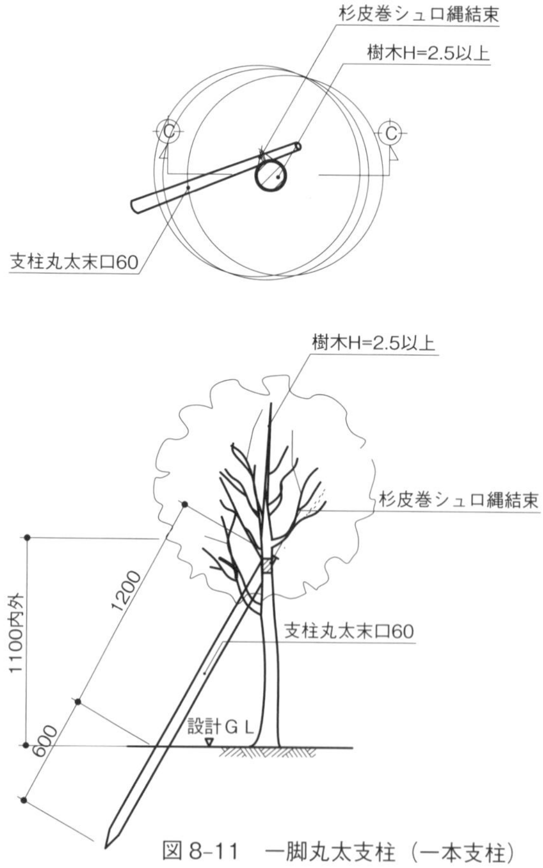

図 8-11　一脚丸太支柱（一本支柱）

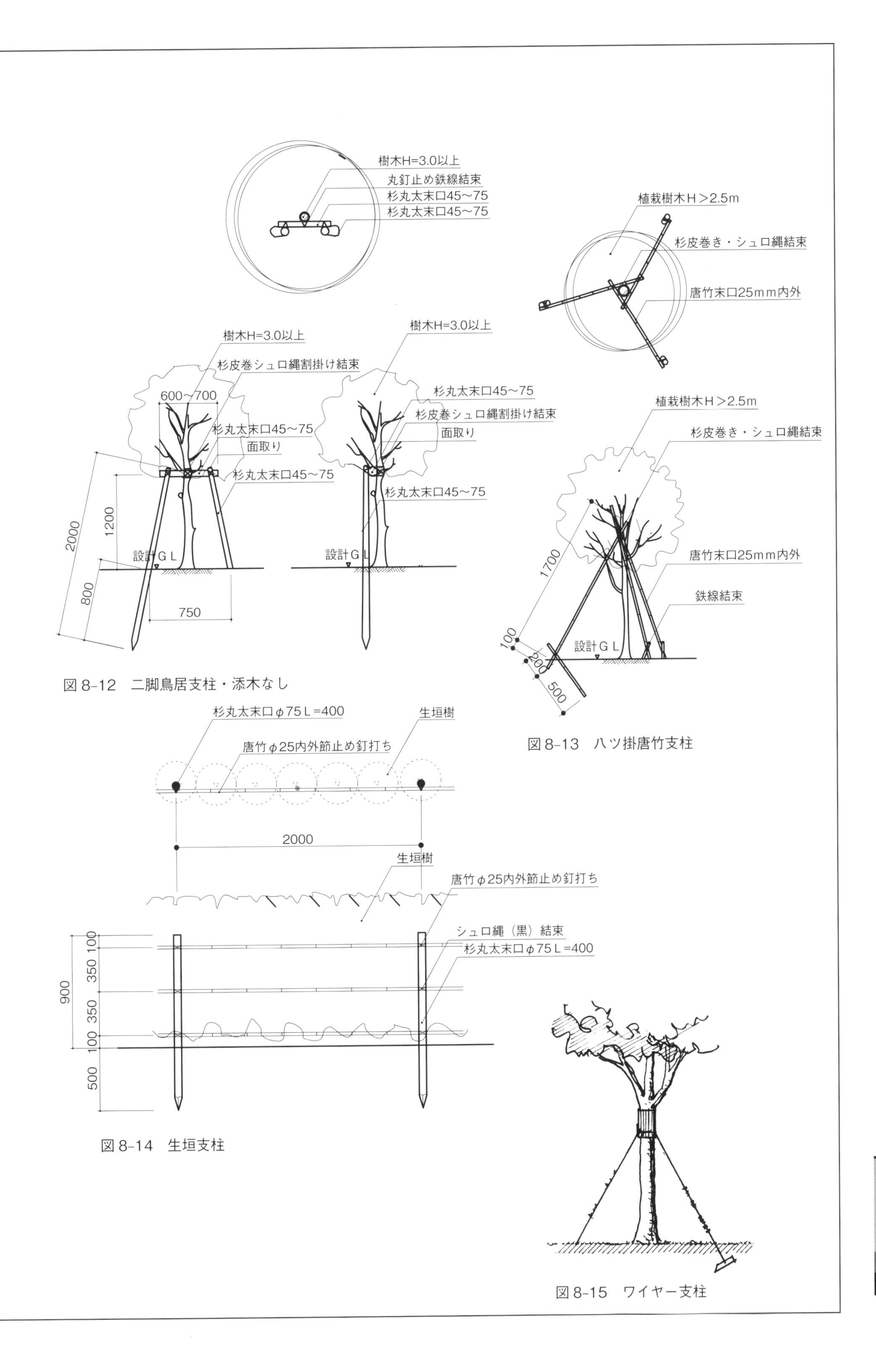

図8-12　二脚鳥居支柱・添木なし

図8-13　ハツ掛唐竹支柱

図8-14　生垣支柱

図8-15　ワイヤー支柱

管理

植えられた植物が順調に成長するためには、その植物に応じた一定の月日や年月を要するので、成長を促進するような管理が必要になる。また、設計意図通りの状態に成長した後も、その状態を維持していくための管理を行わなければ、大きく成長しすぎたり、姿が乱れてしまう。植物の成長に応じた管理の内容と主な作業を表8-7に示す。

具体的な管理項目としては、日常的な管理として、灌水、除草などがあり、季節や成長年数に応じた管理には、剪定、花がらつみ、株分け、施肥、病虫害への対策などがある。

表8-7　植物の管理の段階

管理の段階	管理の内容	主な作業	
		樹木類	草花類
養生管理	確実な活着を促すための管理	灌水、支柱設置、表土保護（腐葉土など）、幹巻き、除草など	灌水、マルチング、除草など
育成管理	設計意図としての目標状態まで育てる管理	軽い刈込みや忌み枝の剪定など	間引き、花がらつみなど
抑制管理	目標状態の大きさ・形状・密度を保つ管理	樹形を整える剪定など	株分け、間引きなど
再生管理	過大となったもの、姿の乱れたものなどを仕立て直す管理		

『植栽基盤整備技術マニュアル』（国土交通省監修、日本緑化センター）より作成

ポイント10　積雪地域や寒冷地での管理

積雪地域では、雪の重みによって枝が折れることがある。特に、常緑広葉樹は、針葉樹や落葉樹よりも葉に多くの雪を受けるので注意が必要である。対策としては、支柱を立てて縄で吊る雪吊り、数本の竹で円錐形をつくる竹囲いなどがある。また、ワラでコモを編んで樹木に巻き付けるコモ巻きは、積雪や冷気から樹木を守るために使われている（写8-3、4）。

樹種によって耐寒性が違うので、積雪地域や寒冷地でなくても、それぞれの樹種に応じた対策を施す。

霜への対策も必要である。霜が降りると樹木の根元が凍ってしまったり、霜柱で土が盛り上がり、根が浮いて痛むことがある。対策としては、本格的な降霜の前に、敷きワラやウッドチップなどで根元をマルチングすることで、土の温度低下を抑える。

写8-3　雪吊りとコモ巻き

写8-4　竹囲い

ポイント 11　成長や季節に応じた灌水

植物の体は概ね80～90%が水分で構成されており、この水分が減少すると植物体はしおれ、やがて枯死してしまうので、灌水は植栽管理にとって最も重要である。面積に余裕がある植栽地や、土中に水分供給のある植栽地では灌水の必要はないが、植栽桝や建物まわりなどの地下水の供給が不十分な場所や、夏季の渇水時などには水分を補給する必要がある。

ここでは、樹木の灌水について、樹木の成長や季節などに応じた一般的な考え方を示しておく。ただし、植栽地の土の保水力や透水性などにより、灌水量は多すぎても少なすぎても樹木には負担になるので、樹木の状態や土の状況を観察しながら行うことが、灌水の基本となる。

【樹木の成長に応じた灌水】

樹木は、新規植付け、樹木の植替えなどの場合は、季節にもよるが、樹木の活着が確認できるまでの期間、頻度の高い灌水が求められる。植付け後は水鉢をつくってたっぷりと灌水をし、土の表面が乾いて白くなってきたら再び灌水を行う。水が根に行き渡るように十分な灌水をすると、土の中の水分や空気が入れ替わり、栄養の吸収もよくなる。灌水の量は一般に、当初はm^2当たり20～30ℓ程度を与え、その後はm^2当たり10ℓ程度を与える。

樹木の活着後は、基本的に自然の降雨のみで問題はないと考えられる。ただし、樹木が成長する（新芽が伸びる、花が咲く、果実ができる）時期は水を必要とするので、土が乾かないように注意する。

根の浅い低木類では、夏季の渇水期が長く続くような場合には灌水を行う。また、高木と低木の混植範囲では、高木の根が水分を多く吸収し、高木の根元の低木や地被植物が水不足を起こしやすいので注意する。

【灌水の時間帯と季節】

活着した樹木の灌水の時間帯は一般的に、樹木が光合成を始める時間帯に合わせて、午前中の早めに行う。

ただし、夏季は日差しの強くなる午前中に灌水すると、葉に溜まった水滴がレンズの役割をして葉を痛めてしまったり、温度上昇により蒸発が著しくなるので、日射しが弱まる午後の夕暮れ時がよいとされている。

一方、冬季の灌水は、日差しの温かい午前中（10時～12時）に行い、日差しのなくなる夕方からは凍害を考慮して避ける。ただし、冬季の灌水は半月以上降雨がない場合に土の状態を見て行い、基本は降雨だけとする。

春季および秋季の灌水は、1週間以上降雨のない場合や、降雨量の少ない場合に、樹木や土の状態を見て、根まで十分に水が届くように灌水する。

【植栽場所などによる灌水】

日差しがよく当たり、乾燥が懸念される敷地の西面や南面に植栽された樹木は、様子を見ながら多めに灌水を行う。目安としては、土の表面が乾燥した時や、葉がしおれてきた時などに行うとよい。特に根の浅い灌木はこまめに灌水する。

ポイント 12　樹種に応じた剪定時期

樹木の剪定は、樹木の種類や剪定の時期などを考慮して行うことが、樹木の健全な生育にとって重要となる。ただし、エクステリアでは台風対策や隣地、道路への影響もあるので、状況に応じて対処する。

樹種による一般的な剪定時期は次のようになる。

【針葉樹】

針葉樹は春季に春芽を出すが、成長が旺盛なために樹形を崩しやすい。従って、一定の大きさや樹形を保つためには、春季に春芽の処理（剪定）が必要になる。また、秋季に枯枝などの剪定を行う。

【常緑樹】

常緑樹は、春の芽吹き前が適期とされる。常緑樹は栄養分を葉に蓄えているので、剪定により蓄えた葉の栄養分を失う。従って、冬季の剪定には注意する。

【落葉樹】

落葉樹は、晩秋から春までは休眠するので、この休眠期間が剪定の適期となる。成長が旺盛なために樹形を整える場合は、夏季に作業を行う。

【花木】

花木は、花後すぐに花芽をつくらないので、一般的には花後すぐが剪定適期となる。落葉期に剪定する場合は、すでに花芽が形成されているものが多いので、花芽のある枝を落としてしまわないように注意する。

【果樹】

果樹には落葉果樹（カキ、リンゴ、ブルーベリーなど）、常緑果樹（ミカン類、ユズ、ビワなど）、ツル性果樹（キウイ、ブドウなど）がある。基本的な剪定時期は、落葉果樹は休眠期、常緑果樹は寒さのあけた早春、ツル性果樹は休眠期に剪定と誘引を行う。剪定は開花枝を残し、その他の枝を整理する。

ポイント 13　忌み枝から剪定

忌み枝とは、樹木の生育や美観を損ねたり、日照や風通しを遮るような枝のことで、これを取り除くことが剪定の基本となる。忌み枝の種類と剪定場所を図 8-16 に示す。

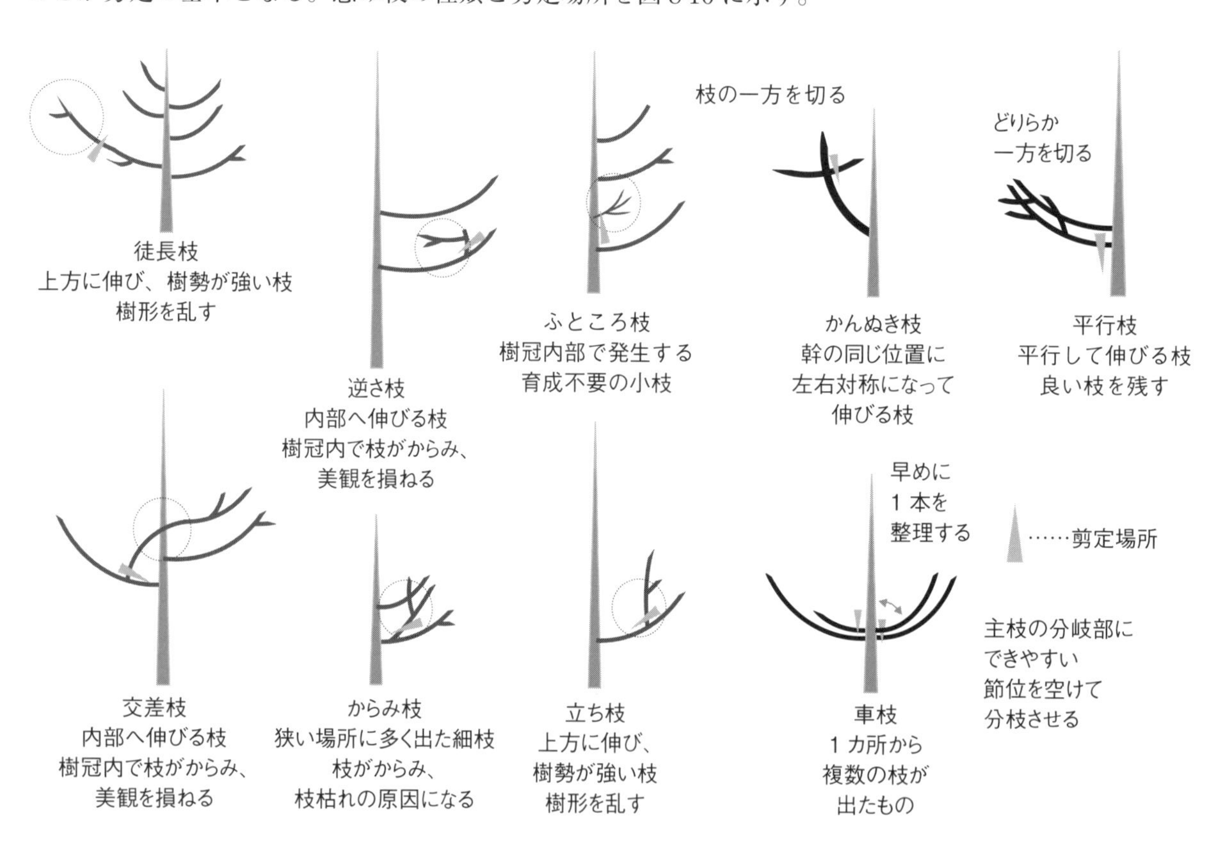

図 8-16　忌み枝の剪定

ポイント 14　剪定箇所に注意

剪定した位置が原因で枯れてしまうことがある。枝の付け根の下部の膨らんだ箇所（ブランチカラー）や根の上部の皺の寄った箇所（ブランチバークリッジ）、枝の基部の雑菌防御層（保護帯）などを傷つけると、雑菌（腐朽菌）が樹木の幹内に侵入してしまい、枯損の原因にもなりかねない。従って、剪定位置にも十分注意する（図 8-17、写 8-5）。

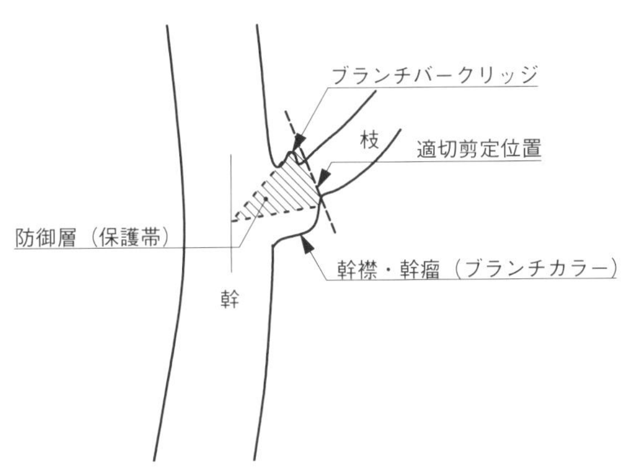

図 8-17　適切な剪定箇所

写 8-5　適切な位置での剪定

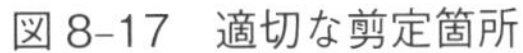 15　害虫・病気・対処方法を知って早期対応

害虫や病気を引き起こす菌、ウイルスが好むのは、日当たりが悪くて湿気の多い場所や、風通しが悪くて枝葉が混み合った場所、過剰な施肥によるアルカリ性土壌になった場所となる。従って、日当たりや風通し、土壌条件をよくして、枝葉が過密とならないように剪定することが、害虫対策の第一歩となる。

また、病気は植物、病原体、環境の条件が揃ったときに発生するとされており、植物によって発生しやすい害虫、病気がある。従って、樹木などに付きやすい害虫や病気と対処方法を予め調べておけば、早期に発見して、被害が広がらないうちに対処することができる。

害虫の発生時期は、花や葉が茂る春先から実のなる秋であり、6月になると被害が出始める。害虫や病気を発見したら、植物の種類や目的に応じて薬剤散布などの早期対策を行う（表8-8、9）。

表 8-8　主な害虫の特徴と駆除方法

害虫	特徴	発生時期	駆除方法	主な発生樹木・草花
コガネムシ	成虫は葉・花・果実を食害。幼虫は根・根茎を食害	6～9月に成虫、7月から翌年6月まで幼虫が土中にいる。真冬以外は食害が出る	6月初めに成虫を駆除する。幼虫は、真冬は深い土中に潜る。捕殺。アセフェート粒剤、クロチアニジン粒剤等	成虫：サクラ、バラ、ツツジ、柑橘、果樹 幼虫：イチゴ、イモ類、果菜、芝、キク、バラ
カミキリムシ	幼虫が枝や幹の中を食害。木くずが地上50cm位までの穴から出る	幼虫は6～10月に活動し越冬。最近は木くずの出ない種類もいる	成虫を見たらフェニトロチオン（MEP）乳剤。木くずを見たら穴にノズルで殺虫剤を噴霧	モミジ、イチジク、柑橘、バラ
カイガラムシ	吸汁により生育を阻害。新芽や新梢が傷み、枯れを起こす。すす病などを引き起こす	6～7月。2世代目が7～9月、3世代目が9～10月	風通しの確保、ホコリが溜まらないようにする。5～8月の幼虫の駆除が効率的。アセフェート、フェニトロチオン（MEP）乳剤、クロチアニジン・フェンプロパトリンエアゾール剤、マシン油乳剤。歯ブラシで落とす、剪定等	多くの樹木、草花
ケムシ、イモムシ、チャドクガ	葉を大きく食害	4～6月、9月以降。多くは1年に2回発生。卵塊で越冬するものもある	捕殺。アセフェートエアゾール剤、スミソン、マラソン・フェニトロチオン（MEP）乳剤	多くの樹木、草花、果樹、野菜
アブラムシ	新芽、花首などにつき、吸汁する。繁殖が速い	1年中発生。春、秋に繁殖。すす病を引き起こす。温かければ単為生殖できる	窒素の与えすぎは避ける。乾燥、茂りすぎに気をつける。ブラシでとる。牛乳、ガムテープ、クロチアニジンエアゾール剤。長期間発生するため浸透移動性のアセフェート粒剤	多くの樹木、草花、果樹、柑橘

表 8-9　主な病気の特徴と防除方法

病気	特徴	発生時期	防除方法	主な発生樹木・草花
うどん粉病	糸状菌による。葉の表面に白い粉状のカビ	4～6月。湿度が低くてもまん延	風通しの確保。ベノミル水和剤	ほとんどの植物。特にウリ、バラ、マサキ等
黒星病	糸状菌による。葉に黒い斑点ができ、周囲はぼやける。落葉	梅雨、秋雨の時期	マルチングで雨のハネ防止。梅雨前の予防としてクロロタロニル水和剤、キャプタン水和剤	バラ、果樹
褐斑病	糸状菌による。茶褐色やこげ茶色の斑点。落葉	初夏から秋。初夏の湿度の高い時	風通しの確保。クロロタロニル水和剤、キャプタン水和剤	アジサイ、ツツジ、カンノンチク、キク、ヒマワリ
すす病	枝葉に黒い煤状のカビが付着。アブラムシ、カイガラムシ、コナジラミなどの排泄物にカビがつく	特に秋	原因となる吸汁性害虫の駆除。水による洗浄で多少は落ちる。剪定	原因となる吸汁性害虫のつく花木、果樹、果菜類
モザイク病	ウイルス性。アブラムシ、コナジラミ等により広がる	一年中。特にアブラムシの時期と重なる	焼却処分	ホウセンカ、ショウガ。ウイルスはツバキなどの斑紋・輪紋病の原因にもなる

ポイント 16　花木の花つきがよくない場合の原因

エクステリアでは、樹木に花がつかないという相談はとても多い。花がつかない理由は一般に、樹木に十分な体力がない（植付け直後、強い剪定後、水不足、天候不順、病虫害）、剪定時期を間違えた、樹木に当たる日照時間が不足している、肥料が足りないなどが考えられる。

【花芽を剪定してしまった】

剪定時期についてはポイント 12 の中でも述べたが、花芽ができてから花芽を剪定してしまったことが原因と考えらえる。春に咲く花は、前年の 5 ～ 7 月頃に、夏から秋に咲く花は開花前 1 か月程度で、ツツジの類では開花 1 ～ 2 か月後に、それぞれ花芽が形成されるという。このように花芽ができてから、その枝を剪定すると、当然花芽を失うので花はつかない。従って、樹種に応じた花芽の時期を理解して剪定を行うようにする（図 8-18）。

【日照が不足している】

花芽ができる時期に長雨や天候不順があったり、植栽場所が北側や陰になる場所にあると、日照時間が少ないことで花つきが悪くなる。

【肥料不足】

肥料の成分が偏っていたり、肥料そのものが不足していると花つきが悪くなる。肥料を与えなくても樹木が枯れることはないが、花つきをよくしたい場合には施肥を行う。ただし、植付け後 1 ～ 2 年程度は、樹木の根が十分に伸長していないので肥料を吸収しないことや、肥料が根を痛めて樹木を弱らせることがあるので、施肥を行わない。また、肥料は与えすぎたり、窒素系の多い化学肥料だと生育障害につながることがある。花木では花後に施肥を行うなど、樹木に適応した施肥の時期や方法を理解しておくことが大切である。

ポイント 17　竹の放置は厳禁

竹の根は成長が速くて貫通力があるため、地下茎によって際限なく繁殖、成長する。竹の地下茎の約 9 割は、地表から深さ 20cm までに存在しているといわれるが、モウソウチクの場合は、地下茎の深さが通常 20 ～ 70cm 程度になるので注意が必要である。

深さだけでなく、根の広がりにも注意する。夏季などでは 1 日で 1m 以上伸びることもあり、敷地を飛び出して、隣地や公道にまで伸びてしまった場合は、トラブルにもなりかねない。マダケやモウソウチクなどの単軸散生型の竹類は横走性の地下茎にある芽が成長してタケノコとなり、成竹するので、地

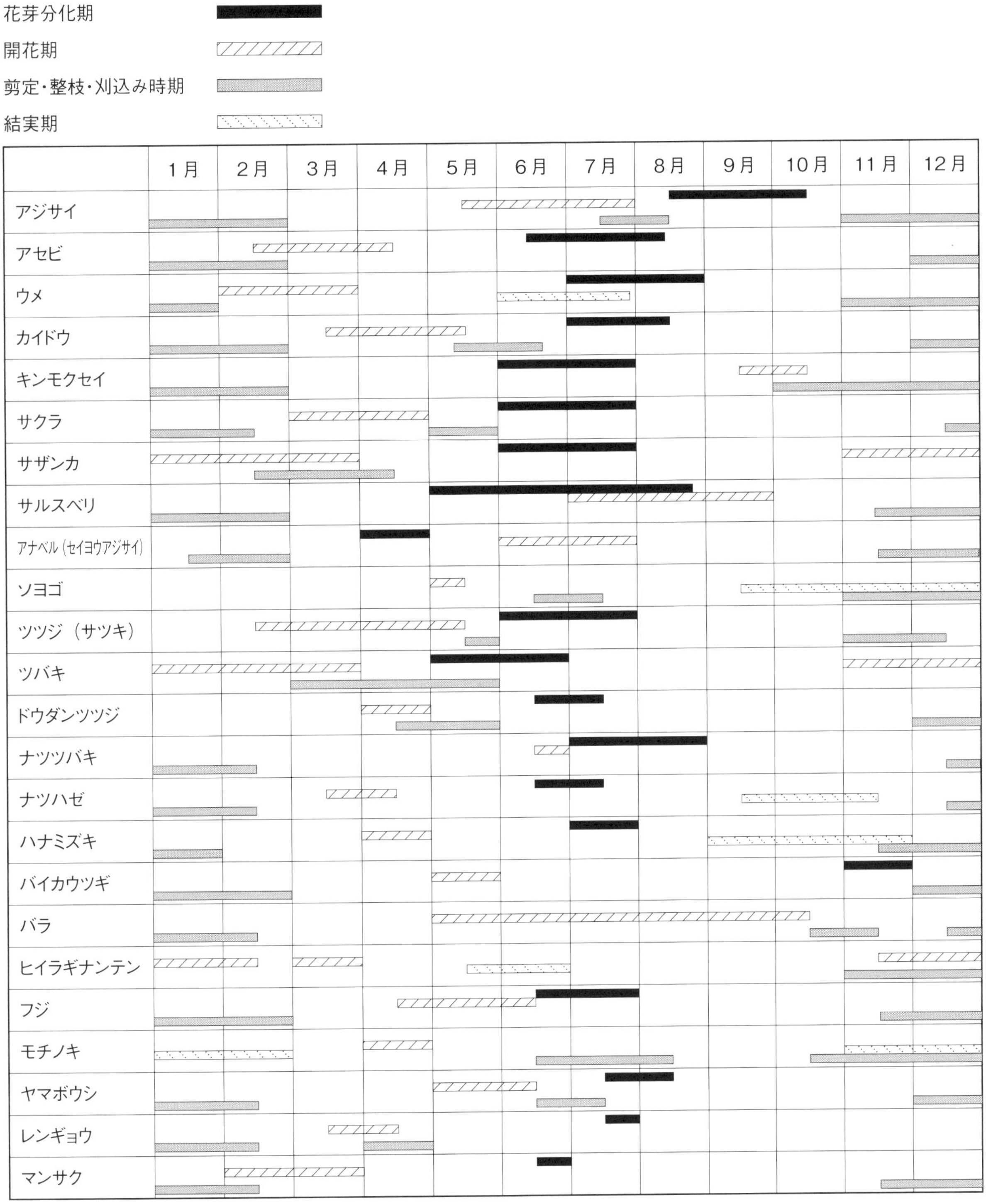

花芽分化期
開花期
剪定・整枝・刈込み時期
結実期

1月 2月 3月 4月 5月 6月 7月 8月 9月 10月 11月 12月

アジサイ
アセビ
ウメ
カイドウ
キンモクセイ
サクラ
サザンカ
サルスベリ
アナベル（セイヨウアジサイ）
ソヨゴ
ツツジ（サツキ）
ツバキ
ドウダンツツジ
ナツツバキ
ナツハゼ
ハナミズキ
バイカウツギ
バラ
ヒイラギナンテン
フジ
モチノキ
ヤマボウシ
レンギョウ
マンサク

図 8-18　樹種別の花芽分化期・開花期・剪定適期・結実期

下茎が生活に及ぼす影響はことさら大きい。

従って、竹を放置することは厳禁である。不要な地下茎の伸長の対策としては、境目となる場所を70cm 程度掘り起こし、そこに仕切りを設置してしまえば、地下茎が境目を超えて伸びることを防げる。

【竹類の繁殖の仕方】

竹類の繁殖は概ね、単軸型、連軸（仮軸）型、混合型に分けられ、それぞれの竹林の姿は異なる。単軸型の繁殖では立竹がバラバラに立つ「バラ立ち散生型」、株立ちに叢生する「株立ち叢生型」、混合している「バラ立ち・株立ち混合型」に分けられる（図 8-19）。

竹の根には地下茎から出る根系（一次根、二次根、三次根）があり、環境によっては1m 以上の深さに達することがある。モウソウチクの地下茎は関東だと5月頃から成長を始め、8月中旬ぐらいまでは

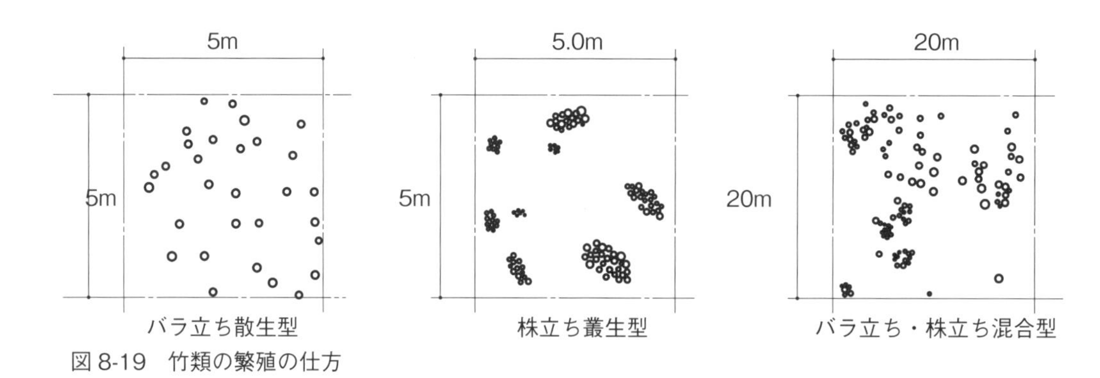

図 8-19　竹類の繁殖の仕方

徐々に成長していき、8月下旬になると成長量を増して11月中旬に終わる。マダケの場合は、6月中旬に成長を開始し、11月中旬には成長が終わる。つまり、両種ともタケノコがほぼ伸長最盛期になった頃から地下茎が伸び出す。

地下茎の年齢は1年から9年目までといわれ、10年目以降は枯死することが多い。また、通常1年間の地下茎の伸長は約5mで、この地下茎から約21本の竹が育つようだ。

雑草対策は雑草を知ることから始める

土の中は、もともと多くの雑草の種があるのに加え、風や雨、動物、鳥（人間も含む）などによって雑草の種子が運ばれる。また、土の中では、植物の地下茎などによって、侵入してくる場合もある。多くの雑草の種子は休眠性を持ち、土の中には膨大な量が眠っているとされ、不良な温度や湿度変化に耐え、休眠状態で蓄積している。発芽しないこれらの集団は埋土種子集団（Seed Bank シードバンク）とも呼ばれている。

こうした雑草の種子は、温度、光、水分などの土壌の環境要因が整えば発芽する。雑草は、発生し始めると急速に生育が進み、樹木の成長よりも速く、大きく広がっていく。樹木が苗木の状態だと、雑草丈の方が樹木の丈を超えて大きく成長することもある。

基本的に雑草は1～2年草が多いが、大量の種子を生産することで増える。草刈りや草取りで除草し、一時的に雑草が減ったように見えても、雑草の根絶にはなっていない。除草の効果が薄い最大の理由は、根を引き抜く時に土を掘り起こしてしまうことで、土の中で眠っていた雑草の種が地表に出て、光を得て芽を出すことになるからである。雑草の根絶には数回の除草剤の使用ということになるだろうが、除草剤の使用は植栽土壌や樹木の根にも悪影響を及ぼすので、過度の薬剤使用は問題となる。

庭などに植栽される樹木は、すでにある程度の樹高があれば、雑草の繁茂によって樹木が枯損することはないといえる。さらに、樹木が活着して成長すれば、樹冠の日陰や根の発育により、雑草との競争に勝つことで、やがて雑草は成長しなくなり、少なくなっていく。従って、樹木が活着して成長を始めるまでの期間は、こまめに除草するしかないともいえる。

効果的な除草は、冬に入る前に雑草の根から抜き取ることで、雑草の発芽時期をずらし、増えるのを抑えることができる。根まわりのマルチング材も雑草の発芽に対して効果はあるが、種子が眠っているだけで根本的な雑草の駆除にはならない。

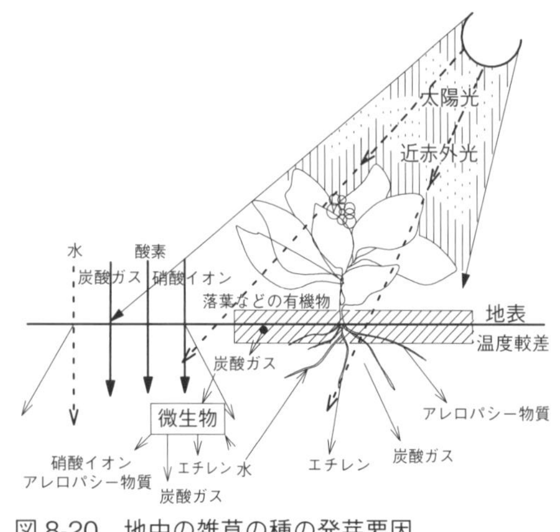

図 8-20　地中の雑草の種の発芽要因

写 8-6　分布範囲を広げているナガミヒナゲシ。地中海原産で淡赤色の花を咲かせる。1株に約100個ほどの実がなり、1個の実の中には約1,600個もの種子が内包されている。種子の生存期間は約5年と長い

ポイント 18　樹木の枯れ保証

樹木は生き物なので様々な理由で枯損や生育障害を起こす。これらの枯損や生育障害に対して保証することを「枯木保証」といっている（枯木保障、枯木補償という場合もある）。保証内容は、通常の管理を行ったにもかかわらず枯損や生育障害を起こした樹木に対して、指定期間に限っては無償で同種の新しい木と植え替えることなどである。施工者が施主に対して保証するもので、契約時に交わす契約書などに記載されている（図8-21）。

公共事業などでは、「公園緑地工事共通仕様書」（国土交通省）に記載されており、民間企業でも同等の保証を記載している。

一般的に、この保証は工事完了より1年間（または6カ月）、保証回数は1回、新植のみとし、移植、支給樹木に対しては対象外としたものが多いようだ。さらに、日常管理（灌水不足、病虫害の予防駆除）を怠ったもの、災害、異常気象、生育可能（樹木全体の枯れの範囲が3分の2未満）のもの、1m未満の樹木なども対象外とされている。

枯木保証書

年　　月　　日

弊社（請負者）にて、植栽した樹木について補償内容に該当するものが認められた場合は、無償にてお取替えをすることを保証いたします。

現場名＿＿＿＿
ご住所＿＿＿＿
保証期間　○○○○年○月○日より1年間

免責事項及び適用除外
1、　水やり等の管理不足により生じた枯れ事象
2、　注文者が所有する樹木の仮植えや移植による枯れ事象
3、　下草、花物（園芸品種）等の枯れ事象
4、　注文者または第三者の故意、過失又は不当な行為に起因して起こした事象
5、　施工完了後の移植や選定による事象
6、　天災や火災等の不可抗力により生じた事象
7、　注文者の支給材料やこれに起因する事象
8、　周囲の環境や公害に起因する事象
9、　保証期間を過ぎて申告された場合
10、注文者との協議により保証対象外とした工事
11、植栽における枯れ保証は高さ1m以上の立木で1年以内、1回限りとします

工事発注者　住　所
　　　　　　会社名
　　　　　　代表者

工事請負者　住　所
　　　　　　会社名
　　　　　　代表者

図8-21　枯木保証書の例

法律

【竹木の枝の切除及び根の切取り】

民法第 233 条　土地の所有者は、隣地の竹木の枝が境界線を越える時は、その竹木の所有者に、その枝を切断させることができる。

2　前項の場合において、竹木が数人の共有に属するときは、各共有者は、その枝を切り取ることができる。

3　第 1 項の場合において、次に掲げるときは、土地の所有者は、その枝を切り取ることができる。

一　竹木の所有者に枝を切除するよう催告したにもかかわらず、竹木の所有者が相当の期間内に切除しないとき。

二　竹木の所有者を知ることができず、又はその所在を知ることができないとき。

三　急迫の事情があるとき。

4　隣地の竹木の根が境界線を越えるときは、その根を切り取ることができる。

主な参考・引用文献

日本エクステリア学会『エクステリアの施工規準と標準図及び積算　塀編』建築資料研究社、2014
日本エクステリア学会『エクステリアの施工規準と標準図及び積算　床舗装・縁取り・土留め編』建築資料研究社、2017
日本エクステリア学会『エクステリアの植栽　基礎からわかる計画・施工・管理・積算』建築資料研究社、2019
日本エクステリア学会『クレーム事象から学ぶ「エクステリア工事」設計・施工のポイント Part1』建築資料研究社、2020
日本エクステリア学会『エクステリア植栽の維持管理　緑のある暮らしを保つ知識・計画・方法』建築資料研究社、2022
国土交通省大臣官房官庁営繕部監修『公共建築工事標準仕様書（建築工事編）平成 31 年版』公共建築協会、2019
『建築工事標準仕様書・同解説 JASS 5 鉄筋コンクリート工事』日本建築学会、2022
『建築工事標準仕様書・同解説 JASS 7 メーソンリー工事』日本建築学会、2009
『建築工事標準仕様書・同解説 JASS 15 左官工事』日本建築学会、2019
『建築工事標準仕様書・同解説 JASS 19 陶磁器質タイル張り工事』日本建築学会、2022
『壁式構造関係設計規準集・同解説（メーソンリー編）』日本建築学会、2006
『ブロック塀施工マニュアル』日本建築学会、2007
『インターロッキングブロック舗装設計施工要領』インターロッキングブロック舗装技術協会、2017
『れんが塀など工作物設計施工要領』日本景観れんが協会、2007
『れんがブロック舗装設計施工要領』日本景観れんが協会、2007
『タイル手帖』全国タイル業協会、2016

主な参考・引用資料（WEB サイト）

日本アスファルト協会／入門講座
http://www.askyo.jp/knowledge/l
全国建築コンクリートブロック工業会／あんしんなブロック塀をつくるためのガイドブック シリーズ 2 設計者編
https://www.jcba-jp.com/useful/designer.php

＊各ページ内にも参考・引用文献や資料は示しています

図・表出典

日本エクステリア学会『エクステリアの施工規準と標準図及び積算　塀編』建築資料研究社、2014
図 5-7、8、11、12、20、21

日本エクステリア学会『エクステリア標準製図　JIS 製図規格とその応用』建築資料研究社、2016
図 1-3

日本エクステリア学会『エクステリアの施工規準と標準図及び積算　床舗装・縁取り・土留め編』建築資料研究社、2017
図 6-1、2,3、4、5、8、9、10、11、12、14、15、17、18

日本エクステリア学会『エクステリアの植栽　基礎からわかる計画・施工・管理・積算』建築資料研究社、2019
図 1-25、 8-1、2、6、7、8,9、10、11、12、13、14、15

日本エクステリア学会『エクステリア植栽の維持管理　緑のある暮らしを保つ知識・計画・方法』建築資料研究社、2022
図 8-4、16、18
表 8-8、9

写真提供

丸善工業　p.46
三笠　p.46
越後商事　写 4-17
マキタ　写 4-18、19
大林　写 5-8
エスビック　写 6-26、27

＊その他、写真・図、表の出典および提供は
該当キャプションにも記載

一般社団法人　日本エクステリア学会　事務局
〒101-0046　東京都千代田区神田多町 2-5 喜助神田多町ビル 401
TEL　03-6285-2635　　FAX　03-6285-2636
http://es-j.net/　　front@es-jp18.net

現地調査から植栽工事まで
「エクステリア工事」現場管理の実践ポイント

発行　2024年3月25日　初版第１刷
編著者　一般社団法人 日本エクステリア学会
発行人　馬場 栄一
発行所　株式会社 建築資料研究社
〒171-0014 東京都豊島区池袋2-38-1 日建学院ビル 3F
tel. 03-3986-3239
fax.03-3987-3256
https://www.kskpub.com/
装丁　加藤 愛子（オフィスキントン）
印刷・製本　シナノ印刷 株式会社

ISBN 978-4-86358-921-6